U0314976

汽车信息技术概论

Overview of Automotive Information Technology

樊百林　编著

北　京

冶 金 工 业 出 版 社

2024

内 容 提 要

本书分5章，分别为汽车与排放标准、发展中的汽车、汽车品牌史、汽车新技术、概念车与未来概念交通工具，内容由浅入深，由古代到现代，从传统技术到新技术，图文并茂，条理清晰。

本书适合大中专院校非汽车专业类汽车概论课程学习，同时也适合社会各界人士为填补汽车知识空白而学习和阅读。

图书在版编目（CIP）数据

汽车信息技术概论／樊百林编著. -- 北京 ：冶金工业出版社，2024. 10. -- ISBN 978-7-5240-0011-2

Ⅰ．U46

中国国家版本馆 CIP 数据核字第 2024XB4659 号

汽车信息技术概论

出版发行	冶金工业出版社	电　话	（010）64027926
地　址	北京市东城区嵩祝院北巷 39 号	邮　编	100009
网　址	www. mip1953. com	电子信箱	service@ mip1953. com

责任编辑　李培禄　卢　蕊　美术编辑　彭子赫　版式设计　郑小利
责任校对　葛新霞　责任印制　禹　蕊
北京建宏印刷有限公司印刷
2024 年 10 月第 1 版，2024 年 10 月第 1 次印刷
710mm×1000mm　1/16；10 印张；190 千字；147 页
定价 60. 00 元

投稿电话　（010）64027932　投稿信箱　tougao@ cnmip. com. cn
营销中心电话　（010）64044283
冶金工业出版社天猫旗舰店　yjgycbs. tmall. com
（本书如有印装质量问题，本社营销中心负责退换）

前　言

　　汽车是 20 世纪最具代表性的技术景观，也是 21 世纪最具影响力的社会事物之一。

　　美国 1930 年进入汽车社会。人类通过使用汽车交通工具，交流更加便捷，工作效率也得到提高。但是从另一层面，汽车已经由一台机器演变成一种观念、一种态度，更是一种责任。

　　培养汽车类专业人才，普及汽车基础常识，增强现代交通安全意识，对人类自身安全和社会交通安全的发展尤为重要。

　　汽车信息文化是指人类在汽车的研究、生产和使用过程中产生的技术、知识、艺术、法律、道德等观念、态度。汽车文化教育具有长期性、基础性、全民性及专业性等特点。

　　本书共分 5 章，第 1 章为汽车与排放标准，第 2 章为发展中的汽车，第 3 章为汽车品牌史，第 4 章为汽车新技术，第 5 章为概念车与未来概念交通工具。本书内容由浅入深，由古代到现代，从传统技术到新技术，图文并茂，条理清晰，内容翔实得当。

　　本书由北京科技大学樊百林编写。在本书的编写过程中，樊家榛提供了一定的帮助，在这里表示衷心的感谢。

　　由于作者水平和经验所限，书中不妥之处，敬请读者批评指正。

樊百林 写于北京科技大学

2024 年 3 月 14 日

目　　录

1 汽车与排放标准

汽车是 20 世纪最具代表性的人文景观，也是 21 世纪最具影响力的社会事物之一。汽车是人类的交通工具，通过车，人类的交流更加便捷，工作效率更加高效，但是汽车尾气排放带来的环境污染、噪声污染，以及交通安全等问题也日益凸显，亟待人们解决。

汽车改变着人们的生活，但在带给人们极大便利的同时，也给人们带来了一些烦恼。汽车已经由一台机器演变成一种观念、一种态度、一种文化和责任。

1.1 汽车与汽车社会

1.1.1 汽车的定义

汽车原指以可燃气体作动力的运输车辆，也指有自身装备动力驱动的车辆。汽车一般具有四个或四个以上车轮，不依靠轨道或架线而可以在陆地行驶。

在英语中，与汽车相对应的词有"vehicle""car""bus"，最能代表汽车正确定义的是"automobile"这个单词，auto 代表了自身，mobile 代表了移动，合起来就是自身能够移动。汽车在《现代汉语词典》中解释为"一种交通工具，用内燃机做发动机，主要在公路上或马路上行驶，通常有四个或四个以上的轮子"。

随着技术的进步、化石能源的短缺，如今汽车使用的燃料不再是单一的汽油，而是具有多样性，如天然气、氢气等。新能源汽车层出不穷，如太阳能汽车等。

我国国家标准 GB/T 3730.2—2001《汽车和挂车类型的术语和定义》中对汽车的定义为：由动力驱动，具有四个或四个以上车轮的非轨道承载的车辆，主要用于载运人员和/或货物、牵引载运人员和/或货物的车辆、特殊用途。还包括与电力线相联的车辆，如无轨电车；整车整备质量超过 400 kg 的三轮车辆。

1.1.2 汽车业与社会进步

汽车是工业加速发展的催化剂：汽车是世界上唯一产量数以万计、保有量以亿计、由上万个零件组成的结构复杂的综合性工业产品，汽车业的发展促进了社会的进步和工业的发展。汽车业具有技术密集、劳动密集、资金密集等特点，汽车是机、电、化、美等综合性产品。汽车业的发展带动了交通、冶金、制造、化工、电子、能源、电子等相关行业的发展。汽车业在许多国家已经成为非常重要的支柱型产业。

汽车提供了展现科学技术进步的舞台：在汽车发展历程中，经过了艰辛的探索与发明之路，无数职业工作者、科技工作者付出了时间和精力，才使车轮从简单到复杂，动力从人力、畜力、蒸汽、石油发展到风力、电池、太阳能等。可以说，汽车提供了展现科学技术进步的舞台。

汽车是交通运输的主力军：作为交通和运输工具，汽车使国家的综合实力得以提高，使人们的生活水平得以提升。汽车在交通运输工具结构网络中具有灵活性、多样性和普遍性，实现了门对门、户对户的服务，使现代交通结构趋于完善，汽车逐渐成为交通运输行业的主力军。

汽车是一把双刃剑：汽车为人们的生活带来了便捷，提高了人们的出行效率，但也带来了许多问题，比如石油需求量增大、空气污染、噪声污染、交通安全等。汽车在能源、环境、交通安全等问题的探讨声中快速创新、改革和发展，不断以新的面貌出现，力求创造美好的明天。

汽车带来人类文化的革命：汽车使人类生活的节奏加快，从慢节奏的生活、工作理念，转变成为高效率、远距离的工作、生活理念。汽车已经由一台机器演变成一种社会形态，形成了汽车文化，如汽车保险文化、汽车责任文化、汽车环保文化、汽车装饰文化等，随着社会文明的进步，其文化内涵将更加宽泛、更加丰富。

1.1.3　汽车社会

1.1.3.1　汽车社会的定义

汽车社会（auto society）是工业社会和经济发展到一定阶段，特别是轿车大规模进入家庭后出现的一种社会现象。

在汽车社会里，汽车不仅是一种交通工具，更是社会的组成部分，是人的空间属性的扩展和精神的延伸。通常，人们把第一辆车生产年作为汽车元年，各国第一辆车生产的年份不同，汽车社会元年是指各国进入大批量生产汽车，汽车产销达到一定数量的时间，详见表 1-1。根据 NTI 汽车研究在 2010 年北京车展发布的《中国汽车社会蓝皮书》，建议把 2009 年设定为中国汽车社会元年。随着中国汽车保有量的不断攀升，2012 年中国进入汽车社会。

表 1-1　汽车元年和汽车社会元年

国家	美国	英国	德国	法国	日本	韩国	中国
汽车元年	1908 年	1896 年	1886 年	1890 年	1907 年	1944 年	1956 年
汽车社会元年	1930 年	1907 年	1937 年	1939 年	1965 年	1989 年	2009 年

1.1.3.2 汽车社会的特征

汽车社会的到来，不仅是汽车保有量达到一定程度，人们出行方式发生变化，更是汽车的普及改变了城市的结构，以及人们的消费方式和生活方式。汽车社会呈现出与以往社会不同的特征。

（1）城市中心区空洞化。城市的发展一般要经历四个阶段，即所谓的城市化、郊区化、逆城市化和再城市化。汽车加快了城市郊区化、逆城市化的过程。中心城区昂贵的房价和拥挤的环境、交通使人们不得不借助汽车实现"在中心城区工作、在郊区居住"，使得城市呈现出夜间人口减少、大型店铺郊区化、城市机能分散化、商业街衰退等城市中心区空洞化的特征。

（2）生活方式的改变。当汽车进入家庭后，人们生活节奏加快，周末生活、夜间生活已经和过去截然不同。周末郊区游、自驾游越来越普遍；人们夜间在外逗留的时间也大大延长，夜生活变得更加丰富，夜间消费和服务需求增加。

（3）汽车新型消费方式。围绕着汽车诞生了众多的消费内容，如汽车餐厅、汽车电影院、汽车旅馆、汽车清洗、汽车装饰、汽车美容等，汽车增加了人们的出行频率和时间。随着汽车社会发展而衍生出了许多新的消费形式，这些都是汽车社会的新产物。

（4）汽车社会交通堵塞加剧。交通堵塞与汽车社会相生相伴，当前的汽车社会都不同程度地经历了交通堵塞。交通堵塞现象已经成为汽车社会的主要特征。交通堵塞使车辆运行速度下降，造成时间上的浪费。在机动车家庭化的发展趋势下，机动性与城市交通、城市建设及公众生活质量的关联将会越加频繁。在城市道路难以扩容的情况下，如何通过优化资源配置提高城市交通效率、降低交通事故率成了摆在大中城市面前的课题。

（5）加重空气污染。随着机动车保有量的逐年大幅增加，汽车社会长时间空气重度污染已经成为当前人们不可忽视的问题，也是汽车社会面临的重大难题。

1.2 汽车与环保

空气主要污染物有一氧化碳、碳氢化合物、氮氧化物、硫氧化物等。与工业、燃煤所排放的污染物相比，机动车排出的尾气正处在人们的呼吸带上，这种低空污染更直接地危害到人体健康。

PM，英文全称为 particulate matter（颗粒物）。PM 值越高，就代表空气污染越严重。

PM2.5 是指大气中直径小于或等于 2.5 μm 的颗粒物，也称为可入肺颗粒物，直径不到人的头发丝的 1/20。

PM2.5 产生的主要来源是发电、工业生产、汽车尾气排放等过程中经过燃烧排放的残留物。因为这些颗粒物太轻，很难自然降落到地面上，而是长期悬浮在空气中，所以可直接通过人体呼吸进入肺泡甚至融入血液。与较粗的大气颗粒物相比，PM2.5 粒径小，在大气中的停留时间长，输送距离远，多含有二氧化硫、氮氧化物、硫酸铵、硝酸铵等有害物质，因而对人体健康和大气环境质量的影响更大。

2011 年 11 月 1 日开始，环保部发布的《环境空气 PM10 和 PM2.5 的测定重量法》（以下简称《测定》）开始实施。《测定》首次对 PM2.5 的测定进行了规范，但在生态环境部《环境空气质量标准》修订中，PM2.5 并未被纳入强制性监测指标。2012 年 5 月 24 日，环保部公布了《空气质量新标准第一阶段监测实施方案》，要求全国 74 个城市在 10 月底前完成 PM2.5 "国控点" 监测的试运行。首批 74 个城市在 2012 年 10 月底前开展了监测试运行。

2023 年 1 月，全国 339 个地级及以上城市 PM2.5 平均浓度为 55 $\mu g/m^3$，PM10 平均浓度为 87 $\mu g/m^3$，O_3 平均浓度为 90 $\mu g/m^3$，SO_2 平均浓度为 11 $\mu g/m^3$，NO_2 平均浓度为 27 $\mu g/m^3$，CO 平均浓度为 1.3 mg/m^3。

1.2.1　汽车保有量

随着国民经济的高速发展、人们生活水平的提高，汽车保有量在逐渐提高，公安部交通管理局提供的数据显示，2020 年中国汽车保有量将突破 2.8 亿辆。美国、日本、中国汽车保有量见表 1-2。

表 1-2　汽车保有量　　　　　　　　（辆）

国家	2003 年 8 月	2010 年 12 月	2012 年	2020 年	2021 年	2022 年	2023 年
美国	2.3 亿	2.5 亿	2.54 亿	2.7072 亿	2.8 亿		
日本	7421 万	7500 万	7000 万	7817 万	784.7 万		
中国	2590 万	9100 万	1.2 亿	2.8087 亿	3.02 亿	3.12 亿	4.3 亿

1.2.2　排放标准

汽车排放的废气是发动机在燃烧做功过程中产生的有害气体。这些有害气体产生的原因各异。CO 是燃油氧化不完全的中间产物，当氧气不充足时会产生 CO，混合气浓度、混合气不均匀都会使排气中的 CO 增加。HC 是燃料中未燃烧的物质，混合气不均匀、燃烧室壁冷等原因都会造成部分燃油未来得及燃烧就被排放出去。NO_x 是燃料（汽油）在燃烧过程中产生的一种物质。PM 也是燃油燃烧时缺氧产生的一种物质，其中以柴油机最明显。因为柴油机采用压燃方式，柴油在高温高压下裂解更容易产生大量肉眼看得见的炭烟。

汽车排放法规规定了一系列各种污染物的最高允许值，还包括了检测、认定和强制执行的方法。目前世界上主要有三种排放法规体系，即欧洲、美国和日本的排放法规体系。欧洲标准测试要求相对而言比较宽泛，是发展中国家大多沿用的汽车尾气排放体系。我国的轿车车型大多从欧洲引进生产技术，因此中国大体上参照欧洲标准体系。

1.2.2.1　欧洲标准

随着汽车排放控制技术的不断发展，对环境保护的要求日益提高，对有害物质排放的限制也不断提高。

欧洲标准是由欧洲经济委员会（ECE）的排放法规和欧共体（EEC）的排放指令共同实现的，欧共体（EEC）即现在的欧盟（EU）。排放法规由 ECE 参与国自愿认可，排放指令由 EEC 或 EU 参与国强制实施。

汽车排放的欧洲法规（指令）标准 1992 年前已实施若干阶段，欧洲从 1992 年起开始实施欧I排放标准（欧I形式认证排放限值）、1996 年起开始实施欧II排放标准（欧II形式认证和生产一致性排放限值）、2000 年起开始实施欧III排放标准（欧III形式认证和生产一致性排放限值）、2005 年起开始实施欧IV排放标准（欧IV形式认证和生产一致性排放限值），2008 年起开始实施欧V标准，2013 年底开始执行欧VI标准。2021 年底对欧VII排放标准进行制定，估计在 2025 年以后全面实施。

欧洲排放法规对柴油车和汽油车的 CO、HC、NO_x 以及颗粒物排放分别制定了相应的排放限值。

欧IV排放标准，废气排放限值如下：

汽油车：HC，0.46%；CO，1.5%；NO_x，3.5%；PM，0.02%。

柴油车：HC+NO_x，0.3%；CO，0.5%；PM，0.025%。

1.2.2.2　我国标准

与国外发达国家相比，我国汽车尾气排放法规起步较晚、水平较低，根据我国的实际情况，从 20 世纪 80 年代初期开始采取了先易后难分阶段实施的具体方案，其至今主要分为六个阶段。

第一阶段：1983 年我国颁布了第一批机动车尾气污染控制三个限值排放标准和测量方法标准，即《汽油车怠速污染物排放标准》《柴油车自由加速烟度排放标准》《汽车柴油机全负荷烟度排放标准》三个限值排放标准和《汽油车怠速污染物测量方法》《柴油车自由加速烟度测量方法》《汽车柴油机全负荷烟度测量方法》三个测量方法标准，这一批标准的制定和实施，标志着我国汽车尾气法规从无到有，并逐步走向法制治理汽车尾气污染的道路。

第二阶段：在 1989—1993 年期间，我国又相继颁布了《轻型汽车排气污染物排放标准》《车用汽油机排气污染物排放标准》两个限值排放标准和《轻型汽车排气污染物测量方法》《车用汽油机排气污染物测量方法》两个测量方法标准，至此，我国形成了一套较为完整的汽车尾气排放标准体系。

我国 1993 年颁布的《轻型汽车排气污染物测量方法》采用了 ECE R15—04 的测量方法，而《轻型汽车排气污染物排放标准》则采用了 ECE R15—03 限值排放标准，该限值排放标准只相当于欧洲 20 世纪 70 年代的水平，即欧洲在 1979 年实施的 ECE R15—03 标准。

第三阶段：1999 年，北京实施 DB 11/105—1998 地方法规，2000 年起我国实施 GB 14961—1999《汽车排放污染物限值及测试方法》（等效于 91/441/1EEC 标准），同时制定了《压燃式发动机和装用压燃式发动机的车辆排气污染物限值及测试方法》；与此同时，北京、上海、福建等省市还参照 ISO 3929 中的双怠速排放测量方法分别制定了《汽油车双怠速污染物排放标准》地方法规，该条例的制定和出台，使我国汽车尾气排放标准达到国外 20 世纪 90 年代初的水平。

重型柴油车（质量大于 3.5 t）的指令"88/77/EEC"分两个阶段实施：阶段 A（即欧 I）适用于 1993 年 10 月以后注册的车辆；阶段 B（即欧 II）适用于 1995 年 10 月以后注册的车辆。

汽车排放的国标与欧标不一样。国标是根据我国具体情况制定的国家标准，欧标是欧共体国家成员通行的标准。欧标略高于国标。

我国机动车污染物排放标准中污染物排放限值大体等同于欧盟排放标准，但有一定的技术差异。我国制定的《轻型汽车污染物排放限值及测量方法（I）》等效于"欧 I"标准、《轻型汽车污染物排放限值及测量方法（II）》等效于"欧 II"标准。

汽车排放的欧洲法规（指令）标准的内容包括新开发车的形式认证试验和现生产车的生产一致性检查试验，从欧 III 开始又增加了在用车的生产一致性检查。

而欧 III 则比欧 II 标准上了个台阶，做一个形象的比喻：7 辆执行欧 II 标准的汽车，相当于 1 辆化油器车的污染物排放量；14 辆执行欧 III 标准的汽车，才相当于 1 辆化油器车的污染物排放量。按照轻型汽车 III 号标准，家庭轿车和轻型汽车的一氧化碳排放量将在原有基础上减少 30%，碳氢化合物和氮氧化物则分别减少 40%。

第四阶段：2005 年，欧 IV 标准实施，全国发布国 IV 排放标准，国 IV 排放标准参照的是欧 IV 汽车排放标准。欧 IV 形式认证和生产一致性排放限值见表 1-3。

表 1-3 欧Ⅳ形式认证和生产一致性排放限值

车辆类别		基准质量（RM）/kg	限值/(g·km^{-1})						
			CO		HC		NO$_x$	HC+NO$_x$	PM
			汽油机	柴油机	汽油机	柴油机	柴油机	柴油机	柴油机
第一类车		全部	1.00	0.50	0.10	0.08	0.25	0.30	0.025
第二类车	1级	RM≤1305	1.00	0.50	0.10	0.08	0.25	0.30	0.025
	2级	1305<RM≤1760	1.81	0.63	0.13	0.10	0.33	0.39	0.04
	3级	RM>1760	2.27	0.74	0.16	0.11	0.39	0.46	0.06

第五阶段：2008 年，欧Ⅴ标准实施。

第六阶段：2013 年，欧Ⅵ标准实施。北京开始执行国Ⅴ（京Ⅴ）标准，实际上就是欧Ⅴ标准，标准的检测限值和检测方法都与欧Ⅴ标准一致。

1.2.2.3 北京标准

北京已经进行了 6 次排放标准的实施。

（1）1999 年，北京实施地方法规。

（2）从 2004 年 1 月 1 日起，北京对于机动车的尾气排放标准由现在的欧洲Ⅰ号改为欧洲Ⅱ号。

（3）2006 年，国Ⅲ排放标准在北京实施，当时很多车型都因为排放不达标等问题退出了北京市场。

（4）从 2008 年 3 月 1 日起，北京开始实施机动车国Ⅳ排放标准。中国各个城市实施标准不一致。2005 年 12 月 30 日，全国发布国Ⅳ排放标准，国Ⅳ排放标准参照的是欧Ⅳ汽车排放标准。2008 年，国Ⅳ燃油车在北京上市。

（5）2013 年 3 月 1 日，京Ⅴ标准开始执行。实际上就是欧Ⅴ标准，标准的检测限值和检测方法都与欧Ⅴ标准一致。实施京Ⅴ排放标准，单车排放相比"现行国Ⅳ"标准下降 40% 左右。2017 年 7 月 1 日，全国范围全面实施国Ⅴ排放标准。

（6）国Ⅵ标准。国Ⅵ标准由环保部、国家质检总局分别于 2016 年 12 月 23 日、2018 年 6 月 22 日发布。《重型柴油车污染物排放限值及测量方法（中国第六阶段）》自 2019 年 7 月 1 日起实施。国Ⅵ标准的实施，对排放物一氧化碳、氮氧化物、碳氢化合物要求将更加严格。中国首台通过国Ⅵ法规认证的发动机如图 1-1 所示。

2020 年 1 月 1 日，北京实施国Ⅵ标准。国家将国Ⅵ标准分为国ⅥA 和国ⅥB 两个阶段，分别于 2020 年和 2023 年在全国统一实施。国Ⅵ标准即"国家第六阶段机动车污染物排放标准"，是为了贯彻环境保护相关法律，减少并防止汽车排

图 1-1 中国首台通过国Ⅵ法规认证的发动机

气对环境的污染，保护生态环境，保证人体健康而制定的。表 1-4 为国 V、国Ⅵ排放标准。

表 1-4 国 V、国Ⅵ排放标准 　　　　　　 （mg/km）

排 放 物	国 V	国ⅥA	国ⅥB
一氧化碳	1000	700	500
非甲烷烃	68	68	35
氮氧化物	60	60	35
PM 细颗粒物	4.5	4.5	3
PN 颗粒物	—	6×10^{11}颗/km	6×10^{11}颗/km

1.2.3　机动车对大气的"贡献率"

2012 年，车辆都是国Ⅳ排放标准。2020—2023 年，车辆实施国Ⅵ标准。提高尾气排放标准，对于提高空气质量非常关键。

1.2.3.1　排放因子

污染物排放因子为排放合格的污染因子项目数与全部污染因子项目数之比的百分率，是环境保护考核指标之一。

1.2.3.2　排放污染物最少的速度

汽车在不同的速度下行驶所排放的污染物，一方面不仅受到国标限值的限制，另一方面可以通过技术改进，生产排放污染物最少的汽车。

中国汽车技术研究中心、北京理工大学和清华大学选取国Ⅰ、国Ⅱ、国Ⅲ和国Ⅳ排放标准的小轿车，在不同车速下对机动车排放污染物进行了研究，结果表明：受车速变化影响，不同排放标准车辆的各项污染物排放因子变化趋势基本相

同，呈现出明显的两头高、中间低的趋势。比如，一辆国Ⅱ小轿车，当车速低于
50~60 km/h 的速度区间时，随着速度降低，各污染物的排放因子变大，也就是
说其排放出来的污染物逐渐增多，而当车速高于这个区间时，也呈现出相同的趋
势。车速保持在 50~60 km/h，小轿车排放污染物最少。速度-排放因子曲线如图
1-2 所示。

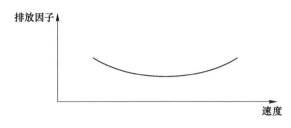

图 1-2　速度-排放因子曲线

1.2.3.3　黄标车排污量

黄标车是高污染排放车辆的简称，这种连国Ⅰ排放标准都未达到的汽油车，
或排放达不到国Ⅲ标准的柴油车，因其贴的是黄色环保标志，因此称为黄标车。

按时间粗略区分：基本在 1996 年以前出厂的国产车，在 1998 年以前出厂的
进口车都属于黄标车。

绿标车是指汽车尾气排放达到欧洲Ⅰ号或Ⅱ号标准的车辆，由环保部门发放
绿色环保标志。黄标车和绿标车的设立是为了缓解市区交通拥堵和空气污染，促
进老旧汽车的淘汰。"绿标"也有有效期，环保标志有效期期满后，车辆必须按
规定进行排气检测，根据情况换发新标志。

按照科学的计算，黄标车与国Ⅰ标准车、国Ⅱ标准车、国Ⅲ标准车、国Ⅳ标
准车的排放标准系数比例约为 1:5:7:14:28，即 1 辆黄标车排放出来的污染
物约为 28 辆国Ⅳ标准车排放污染物的总和。而排放标准每提高一个档次，单车
污染就将减少 30%~50%。

近年来，机动车总量虽然增加了，但是污染物排放总量却控制住了，甚至还
下降了，主要原因是汽车尾气排放标准的提高和油品的提高。

1.2.3.4　汽车尾气中污染物排放量分担率

在城市大气中，某一种污染物可能来自不同的污染源，例如一氧化碳
（CO），既可能由燃煤固定源产生，也可能来自汽车尾气排放。

为了确定不同污染源对一种大气污染物的"贡献"，经常引入污染物排放量
分担率的概念。汽车污染物排放量分担率就是确定汽车排放的某种污染物在城市
大气污染中的"贡献"大小。

机动车排放的某污染物总量与大气环境中污染物总量（固定源、流动源、天

然源）之比称为该污染物排放量分担率。

根据清华大学的测算，2009 年底，北京市机动车污染物排放量分担率一氧化碳为 84%、碳氢化合物为 23.8%、氮氧化物为 55%、PM10 为 4%，北京市机动车污染物排放量分担率见表 1-5。2022 年北京市大气环境中细颗粒物（PM2.5）连续两年达到国家空气质量二级标准，年均浓度继续下降 30 μg/m³，持续保持历史同期最优。表 1-6 为北京市 2000—2022 年 PM2.5 数据。

表 1-5　北京市机动车污染物排放量分担率　　　　　　　　　（%）

年　份	一氧化碳	碳氢化合物	氮氧化物	PM10
2009	84	23.8	55	4
2010	85.9	25.1	56.9	4.1
2022	70.2	73.4	15.7	9.1

表 1-6　北京市 2000—2022 年 PM2.5 数据　　　　　　　　（μg/m³）

项目	2000 年	2005 年	2010 年	2012 年（1 月 23 日）	2013 年（1 月 13 日）	2022 年
PM2.5	100~110	80~90	70~80	1593	559	30

在汽车行驶过程中，司机要注意车载排放指示系统，该系统具有检控发动机及排放控制系统工作状况的功能。

1.2.3.5　百公里排放量

汽车排放的欧洲法规（指令）标准计量以汽车发动机单位行驶距离的排污量（g/km）计算，因为这对研究汽车对环境的污染程度比较合理。同时，欧洲排放标准将汽车分为总质量不超过 3500 kg（轻型车）和总质量超过 3500 kg（重型车）两类。轻型车不管是汽油车或柴油车，整车均在底盘测功机上进行试验。重型车由于车重，则用所装发动机在发动机台架上进行试验。

每开 100 km，国Ⅳ标准的轻型汽油车排放的一氧化碳量为 152 g、碳氢化合物量为 18 g、氮氧化物量为 3 g 等，总计排放的污染物量约为 175 g；而一辆黄标车百公里排放的一氧化碳量达到 2880 g、碳氢化合物量达到 249 g、氮氧化物量达到 82 g，总计达 3200 多克污染物。国Ⅵ排放标准对 CO（一氧化碳）、THC（总碳氢化合物）、NMHC（非甲烷碳氢化合物）、NO$_x$（氮氧化物）、PM（颗粒物质量）的排放限值相比国Ⅴ标准有了更加严苛的限定，同时新增了对 PN（颗粒物数量）的排放规定；按照国Ⅵ排放标准，轻型汽油车的一氧化碳、碳氢、非甲烷总烃和氮氧化物排放将比国Ⅴ阶段降低 50% 左右，颗粒物排放降低 40% 左右；对于重型柴油车，氮氧化物和颗粒物将比国Ⅴ阶段降低 60% 以上。百公里排放量见表 1-7。

表 1-7 百公里排放量 (g)

项 目	一氧化碳	碳氢化合物	氮氧化物	PM10	总排放量
国Ⅳ标准轻型汽油车	152	18	3	2	175
黄标车	2880	249	82	56	3200
国ⅥA标准轻型汽油车	70	6.8	6	0.45	83.25

北京小轿车日均行驶 45 km。按这个平均数，如果小轿车是按标准来计算，每辆车每天也往大气里排放了大约 80 g 污染物。地面空气质量监测站监测的是每立方米含多少微克污染物以及颗粒物，而 80 g 就是 8000 万微克。大气体积不是一个固定的数字，人类目前还无法直接测算出这 8000 万微克污染物会给人类的污染指标增加多少比例，给人类身体健康带来多大的危害，但是至少可以帮助人类更好地理解尾气对大气质量的影响。

尾气中一些污染物经过二次转化后会有部分形成 PM2.5 或更小颗粒，研究表明，氮氧化物的这个转化率一般在 30% 以上。

1.2.3.6 污染物对人类的危害

这些在低空正处于人体呼吸带的细小颗粒会进入肺脏的最深部，引起哮喘、肺功能损伤、呼吸困难或呼吸疼痛等症状，对老人和小孩的危害尤为明显。

1.2.4 适应欧标汽车技术的改进

汽车排放污染物是指从废气中排出的一氧化碳、碳氢化合物和氮氧化物、微粒、炭烟等有害污染物。

每一种排放法规的目的都是一样的，即确保每种发动机都能按清洁的标准进行设计，并保证其清洁运转。法规限定了 NO_x、HC、PM 和炭烟的排放量。满足一种标准的发动机即使非常清洁，也可能满足不了另一种标准。这是因为每种标准都有其各自的检测方法，发动机就是从满足这些标准出发来进行设计的。

1.2.4.1 分阶段进行检测

为了确保发动机清洁运转，有必要在以下三个阶段进行检测：

（1）设计中的检测，确保发动机在设计时的排放符合法规标准批量生产中的检测标准。

（2）在制造装配阶段的检测，确保制造和装配出合格的发动机产品。

（3）使用过程中的检测，确保在路面上行驶的车辆符合法规要求。

1.2.4.2 技术改进以达到欧Ⅵ排放标准

为了满足欧Ⅱ和欧Ⅲ排放标准，车辆需要采用不同的排放控制技术。

为了达到欧Ⅱ标准，轻型车只需加装三元催化转化器并进行发动机的改进；

而要达到欧Ⅲ标准则需要采用更好的催化转化器，将催化转化器的安装位置靠近发动机以及采用二次空气喷射等新技术。因此，与欧Ⅱ标准相比，欧Ⅲ标准的排放控制技术要复杂且困难得多。

满足欧Ⅲ标准的轻型汽车可以考虑采用的关键技术：（1）三元催化转化器；（2）发动机的改进；（3）更好的催化转化器的活性层；（4）催化剂加热；（5）催化转化器的安装位置靠近发动机；（6）二次空气喷射；（7）带有冷却装置的排气再循环系统；（8）优化的燃烧室涡流形成。

汽车排放从欧Ⅱ到欧Ⅲ常用的三项技术：

一是增加了对车辆冷启动时排放达标的要求。实验过程要求车辆在 -7 ℃ 的低温条件下搁置 6 h 以上，点火着车之后，立刻测量车辆排放，达到标准。它提高了对尾气净化催化剂的要求，也是适合欧Ⅱ标准的催化剂达不到的。

二是在车辆的电控系统中增加了专门监测排放控制系统工作状态的系统（OBD，车载诊断系统）。它能够随时监测汽车尾气排放状况，一旦出现超标会做出提示。这个 OBD 在欧Ⅱ标准的车辆上是没有的。

三是针对厂家提出的，要对车载诊断系统有保修措施。

1.2.4.3　欧Ⅲ技术实施的瓶颈和难点

欧Ⅲ技术实施的瓶颈是燃油质量。有效实施欧Ⅲ的难点是产品一致性。

根据产品一致性（COP）的要求，企业在生产线上批量生产的产品应当与形式认证的样品相符合，这一要求对于保证产品的质量非常重要。

欧盟对产品一致性有着清楚而规范的要求。欧洲从欧Ⅱ标准开始对车辆的排放耐久性提出要求。车辆的排放应当在其产品寿命期内始终满足产品形式认证时规定的排放标准。这一规定保证了车辆在其寿命期内始终具有良好的排放特性，确保了排放标准的有效实施。

在美国和欧盟国家都有产品一致性的执行监督单位，在美国是国家环保局（EPA），在欧洲是负责产品认证的机构，在英国为机动车认证处 VCA（Vehicle Certification Agency）；国内对产品一致性也有类似的规定，但是国内还没有一个明确的部门负责产品一致性的执行监督工作。

汽车尾气是否达标，有两个关键要素：一是车；二是油。

欧Ⅳ标准汽油、柴油的主要改进指标是硫含量，硫含量的大幅下降，将大大降低汽车尾气污染物排放量，减轻大气污染，改善环境，燕山石化董事长王永健介绍说："实行欧Ⅲ排放标准后，机动车尾气中二氧化硫的排放量与欧Ⅱ标准相比每年减少了 2480 t，实行欧Ⅳ标准后，每年可再减少 1840 t。同时，意味着首都燃油品质与目前欧洲国家一致，跨入世界先进行列。"

2013 年 3 月 1 日北京实施的京 Ⅴ 机动车排放新标准相当于欧 Ⅴ 标准，与欧盟目前执行的排放标准接轨。

2019 年 7 月 1 日起，北京市销售和登记注册的重型燃气车以及公交和环卫行业重型柴油车须满足国ⅥB 阶段标准要求。2020 年 1 月 1 日，北京轻型汽油车国Ⅵ排放标准开始实施，轻型汽油车是指最大设计总质量不超过 3500 kg 的 M1 类、M2 类和 N1 类汽车。

M1 类车指包括驾驶员座位在内，座位数不超过 9 座的载客车辆；M2 类车指包括驾驶员座位在内，座位数超过 9 座，且最大设计总质量不超过 5000 kg 的载客车辆；M3 类车指包括驾驶员座位在内，座位数超过 9 座，且最大设计总质量超过 5000 kg 的载客车辆；N1 类车指最大设计总质量不超过 3500 kg 的载货汽车；N2 类车指最大设计总质量超过 3500 kg，但不超过 12000 kg 的载货汽车；N3 类车指最大设计总质量超过 12000 kg 的载货汽车。

为了减少排放污染，一些地方可能会对在某些道路或高速公路上行驶的汽车类型进行严格限制，一些城市中心可能只会对纯电动车开放。例如，法国政府正在考虑设立仅允许低排放量汽车行驶的区域，而伦敦、柏林和斯德哥尔摩等城市已经设立了类似区域。

1.3　交通标志与安全责任

1.3.1　公共交通分担率

公共交通分担率，是指城市居民出行方式中选择公共交通（包括常规公交和轨道交通）的出行量占总出行量的比率，这个指标是衡量公共交通发展、城市交通结构合理性的重要指标。目前我国的公共交通分担率平均不足 10%，特大城市也只有 20% 左右，而欧洲、日本、南美等国家和地区的大城市达到 40%~60%，这是欧洲、日本、美国车辆虽多，却很少拥堵的重要原因。

1.3.2　汽车文化的定义

培养汽车类专业人才，提高汽车文化教育，增强全国人民现代交通安全意识，对人类自身安全和社会交通和谐安全的发展尤为重要。

许多西方发达国家从幼儿园到进入社会等各个阶层，都要按照年龄对人们进行汽车文化教育。我国 2012 年进入汽车社会，相对于迅猛发展的汽车市场，学习汽车文化、培养健康的汽车生活态度是当今社会所缺少的环节。

汽车文化是指人类在汽车的研究、生产和使用过程中产生的知识、艺术、法律、道德、风俗、习惯等。汽车文化不仅包括诸如车质、车饰等知识，更涵盖守法、仁义、礼让、环保、敬畏生命等法律、道德、习惯等文明层面的因素。

汽车文化教育具有长期性、基础性、全民性及专业性等特点。

1.3.3　常见道路交通标志识别

常见警告标志的图形和含义见表 1-8，常见禁令标志见表 1-9，常见指示标志见表 1-10，常见指路标志见表 1-11。

表 1-8　常见警告标志的图形和含义

标志名称	标志图形	标 志 含 义
十字交叉		除了基本型十字路口外，还有部分变异的十字路口，如五路交叉路口、变形十字路口、变形五路交叉路口等，五路以上的路口均按十字路口对待
T 形交叉		T 形标志原则上设在与交叉口形状相符的道路左侧，此标志设在进入 T 形路口以前的适当位置
Y 形交叉		设在 Y 形路口以前的适当位置
环形交叉		由于受线形限制或障碍物阻挡，此标志设在面对来车的路口的正面
向右急弯路		向右急弯路标志设在右急转弯的道路前方适当位置
上陡坡		此标志设在纵坡度在 7% 和市区纵坡度大于 4% 的陡坡道路前适当位置
两侧变窄		车行道两侧变窄主要指沿道路中心线对称缩窄的道路，此标志设在窄路以前适当位置
窄桥		此标志设在桥面宽度小于路面宽度的窄桥以前适当位置
注意行人		一般设在郊外道路上画有人行横道的前方，城市道路上因人行横道线较多，可根据实际需要设置

标志名称	标志图形	标 志 含 义
注意儿童		此标志设在小学、幼儿园、少年宫、儿童游乐场等儿童频繁出入的场所或通道处
有人看守铁路道口		此标志设在不易发现的道口以前适当位置
无人看守铁路道口		此标志设在道口以前适当位置
注意横风		此标志设在经常有很强的侧风并有必要引起注意的路段前适当位置
叉形符号		表示多股铁道与道路交叉,设在无人看守铁路道口标志上端

表1-9　常见禁令标志

标志图形				
标志名称	禁止通行	禁止驶入	禁止机动车驶入	禁止车辆临时或长时停放
标志含义	表示禁止一切车辆和行人通行,此标志设在禁止通行的道路入口处	表示禁止一切车辆驶入,此标志设在单行路的出口处或禁止驶入的路段入口处	表示禁止各类机动车驶入,此标志设在禁止机动车通行路段的入口处	表示在限定的范围内,禁止一切车辆临时或长时停放,此标志设在禁止车辆停放的地方,禁止车辆停放的时间、车种和范围可用辅助标志说明

续表 1-9

标志图形				
标志名称	禁止车辆长时停放	停车检查	停车让行	会车让行
标志含义	禁止车辆长时停放，临时停放不受限制，禁止车辆停放的时间、车种和范围可用辅助标志说明	表示机动车必须停车接受检查，此标志设在关卡将近处，以便要求车辆接受检查或缴费等手续，标志中可加注说明检查事项	表示车辆必须在停止线以外停车瞭望，确认安全后，才准许通行，停车让行标志在下列情况下设置：（1）与交通流量较大的干路平交的支路路口；（2）无人看守的铁路道口；（3）其他需要设置的地方	表示车辆会车时，必须停车让对方车先行，设置在会车有困难的狭窄路段的一端或由于某种原因只能开放一条车道作双向通行路段的一端

表 1-10　常见指示标志

标志图形				
标志名称	直行	直行和向左转弯	靠右侧道路行驶	立交直行和左转弯行驶
标志含义	表示只准一切车辆直行，此标志设在直行的路口以前适当位置	表示只准一切车辆直行和向左转弯，此标志设在车辆必须直行和向左转弯的路口以前适当位置	表示只准一切车辆靠右侧道路行驶，此标志设在车辆必须靠右侧行驶的路口以前适当位置	表示车辆在立交处可以直行和按图示路线左转弯行驶，此标志设在立交左转弯出口处适当位置
标志图形				
标志名称	单行路向左或向右	干路先行	会车先行	右转车道
标志含义	表示一切车辆向左或向右单向行驶，此标志设在单行路的路口和入口处的适当位置	表示干路先行，此标志设在车道以前适当位置	表示会车先行，此标志设在车道以前适当位置	表示车道的行驶方向，此标志设在导向车道以前适当位置

表 1-11 常见指路标志

标志图形	G105	S203	X08	玉门
标志含义	国道编号	省道编号	县道编号	地名
标志图形	中央门 把江门 太平门 草场门	避车道图	虎门高速 HUMEN EXPWY 500m	50m
标志含义	环形交叉路口	避车道	终点预告	车距确认
标志图形	左道封闭 1km	两侧通行图	施工路栏	移动性施工标志图
标志含义	左道封闭	两侧通行	施工路栏	移动性施工标志

全国平均每 6 min 有一人死于交通事故。20 世纪全世界因交通事故共死亡 2585 万人，比第一次世界大战死亡的人数还多。

1.3.4 汽车的简单检测

北京市通州区新华西街马路中央，一辆捷达车当街自燃。根据初步勘察，车辆起火可能是线路故障导致的。该现象并不是只在炎热的夏季发生，冬季也会出现，希望司机注意车内管线老化情况，橡胶件及塑料件老化裂损后容易发生短路，最终易引发车辆自燃。因此，司机应该及时对汽车进行保养，及时更换机油、防冻液、变速箱油，冬天热车步骤不能省，热车可以防止被冻硬的胶制管道出现断裂，从而杜绝因漏油发生的危险。

1.3.4.1 五油三水检测方法

A 五油检测方法

五油指机油、变速箱油、动力方向机油、刹车油和汽油。

（1）机油。机油量标准量法：将车停放在平坦路面，拉起手刹，关掉引擎，并等待数分钟，让机油流回油底壳。取出油尺，并用清洁的布擦拭干净。插回油尺，且要完全放到底。再次取出油尺，正常的油位高度必须在油尺上的 Max 与 Min 两个记号之间。

（2）变速箱油。自排油量标准量法：发动引擎，让车行驶，使水温表指针达到正常工作温度；将车停放在平坦路面，拉起手刹（不可关掉引擎）。引擎继续怠速运转，脚踩刹车踏板；将排挡杆从 P 挡位逐渐换至 L 挡位，并在各挡位停留数秒。最后将排挡杆排在 P 挡位。取出油尺，并用清洁的布擦拭干净。插回油尺，且要完全放到底。再次取出油尺，正常的油位高度必须在油尺上 HOT 范围内。

（3）动力方向机油。动力方向机油量标准量法：将车停放在平坦路面，拉起手刹，取出油尺，并用清洁的布擦拭干净。插回油尺，且要完全放到底。再次取出油尺，正常的油位高度必须在油尺上 HOT 范围内。

（4）刹车油。刹车油是最重要的一种油，依照规定通常一年或行驶 3 万公里更换一次（以先达到者为准），若还未到更换时机，也要检查刹车油存量，可先从刹车油壶外的刻度判别，刹车油必须介于 Max 与 Min 之间，若有减少，一定要添加至 Max 的位置，而号数不同的刹车油不可混用。

（5）汽油。行车上路前一定要检查汽油量是否充足。

B　三水检测方法

三水指水箱水、电瓶水和雨刷水。三水的检测更是不可忽略。

（1）水箱水。水箱中的液体为水与水箱精，平时应常检查水箱及副水箱内的储水量是否足够，如果副水箱的水位有降低，应在冷车时以清水或水箱精加至上限与下限的中间，若要自行检查水箱的储水量，请不要在引擎运转时或停止运转一小时内打开水箱，以免因高温的水箱水喷出而被烫伤。

（2）电瓶水。电瓶水的部分，一样有注水的上下限，不足时请以纯水或电瓶水添加，切勿添加自来水。

（3）雨刷水（玻璃水）。雨刷水也需要经常检查水位，雨刷水中最好添加一些能够去除挡风玻璃上油渍的清洁液，以普通的清水代替也可，雨刷水不足虽然不会让车辆故障，但挡风玻璃的脏污无法被及时清除，也有可能影响行车安全。

1.3.4.2　出行前的车检

为了确保车辆安全，出行前应该到维修站进行全面的检查，这是非常必要的，能够排除隐患。出行前的检查准备包括：

（1）在出行前要检查汽车的状况，检查外漏的螺钉是否完整或有无松动现象。

（2）检查三滤，包括机油滤清器、空气滤清器、汽油滤清器等。

（3）注意有无漏水现象，检查水箱与防冻液，出行前应加足冷却水。

水箱：检查水箱是否有砂眼，管路及接头是否完好，行驶多年的车辆建议清洗水箱，提高发动机散热能力。

防冻液：在水箱清洗完成后，不要再加入水，应按照车辆行驶区域选择防冻液。注意，如果未清洗水箱，一定要选择与原防冻液品牌型号都相同的防冻液加入，避免发生意想不到的化学反应。市售防冻液都是乙二醇与纯水的混合物，标有明确的冰点和沸点。如果去非常寒冷的地区，可以选择冰点在-50 ℃的纯乙二醇防冻液，不然夜间只能把水箱放空，第二天再加水，否则水箱有可能冻裂。

（4）注意有无漏油现象，及时更换机油，注意根据目的地选择机油黏度规格。出行前应加足燃油、机油，需要黄油的位置补足黄油。

（5）检查轮胎气压是否正常。

（6）检查蓄电池、电瓶电解液高度。

（7）检查所有灯具，查看灯光是否正常，特别是刹车灯、倒车灯、雾灯，检查雨刮器等附件。检查全车灯光，特别检查刹车灯泡是否烧毁、继电器是否完好、雨刷是否需要更换等，避免临到用时才发现需要更换。如果是去山区游玩，一定要保证刹车、充电装置、转弯指示灯、刹车灯、蓄电池、轮胎气压及三液（燃油、机油和冷却水）正常。

（8）检查后备箱的工具箱，三角牌、灭火器、气压表、备用轮胎是否齐全。

一般而言，车上都应该备有简单的工具箱，可以进行换胎等简单维修，如果出行距离较远，应该携带常用工具，如手电筒、电工刀、电工胶布、活动扳手、连接线（两头带鳄嘴夹）等，这些小工具可以维修电器、点火及供油系统上的故障。另外，还要带上一个塑料的红白相隔的雪糕筒，一旦汽车有故障需要检修，要在车后外侧放上一个作为警示牌，以防其他车撞上来。

（9）启动汽车后，仪表、充电显示正常，试运行时发动机及底盘无异响，刹车碟片和刹车盘、喇叭、转弯指示灯、刹车灯、照明灯、雨刮器等正常工作。

（10）刹车制动系统：刹车制动系统是否完好，关系到全车人的生命安全，是要严格检查的部分。

制动液：制动液是推动刹车制动系统工作的动力传输源，出行前要检查制动液够不够，是否有变质情况。如果车辆已经超过2年没有更换制动液，建议在维修站更换制动液后再出发。

以前维修过的部分重新发生故障的概率很大，因此应按照维修记录逐一进行检查。

完成上述检查后，应对车辆进行一次常规保养。平时按照规定里程进行常规保养。

1.4　完善汽车文化责任的重要性与加油典故

了解汽车的发展、汽车社会的形成，不断提高汽车文化责任意识，促进汽车文化责任的完善。

警示牌的作用：山东"龙口最美女孩"刁娜，为了不让伤者被二次碾轧，舍身护救被撞倒在马路中央的伤者，在护救过程中，她的右腿被超速的车压成骨折，刁娜用一条腿，救了一条生命。她的行为感动了众多人，唤醒人的良知。如果当时在被撞倒者前方放置警示牌，那么也许这起灾难可以避免。

法律无情：2008年5月20日清晨，上海市南汇区南六公路、鹿吉路路口发生了一起交通事故，肇事车在事发后向南逃窜。几经波折后，肇事司机选择了投案自首。警方调取了事发路段的监控录像，确认事故原因是司机闯红灯。由于司机闯红灯撞人致死，并且有肇事逃逸的情节，司机最终因交通肇事罪被判入狱3年6个月。

一辆皮卡车在福州万象城附近的红绿灯路口发生自燃，司机先后拦下六辆路过的公交车借灭火器。让他大感意外的是，其中仅两辆车的司机爽快答应，另外四辆车的司机当场拒借，使得皮卡车错过了最佳灭火时间，烧成了一堆废铁。

是发动机的事故？电气元件问题？保养常识缺乏？原因不得而知。行车安全需要每一位司机和行路人共同担当。以史为镜，可以解惑；以事为戒，可以取经；以人为镜，可以正心。

中国加油典故：

在战国时期，燕国有个大将，叫乐毅。他率领军队，打败了齐国人。燕军长驱直入，吓得齐闵王逃跑到了莒城。当时，齐国首都临淄有个小官叫田单，也急忙率领着族人逃跑。在逃跑前，他叫族人把车轴突出的末端统统锯断，裹上金属皮；又找了几大罐芝麻油放在车上。人们见了，都笑话他。可是，当出城门的时候，因逃跑的车太多，发生了拥挤。许多车发生碰撞，车轴被碰断了，无法行驶，只好抛弃。田单家族的近百辆车，因为事先做了改装，所以都完好无损。

后来，在逃亡的途中，因逃跑时间太长，许多车的车轴上润滑的动物油被摩干碳化了，车轴便发生剧烈的摩擦，发出"吱呀"的响声；拉车的马，即使有九牛二虎之力，也别想将车速提起来。然而，人们谁也不敢停车检修。因此，车况就变得很差，把马累得上气不接下气。

田家的马车一路上都显得很轻快，遥遥领先，跑在队伍的最前面。只要车稍一减速，田家的人就会大声喊道："快，加油！再加点油！"这时，田家的仆人便舀点芝麻油，泼在车轴上，马车立即又变得轻快起来。

其他逃跑的人听见他们喊"加油"，还以为是在相互鼓劲。因此，也跟着大声叫喊："加油！加油！"于是，从临淄到即墨，一路上"加油"声此起彼伏，绵延不绝。从此，"加油"就成为了人们相互鼓励的口号。

国外加油来历：话说历史上第一次汽车拉力赛，比赛进行得如火如荼，已经进入白热化阶段，观众热情高涨，对即将产生的冠军拭目以待。跑在最前面的是意大利法拉利车队的5号车。当5号车离冠军只有一步之遥的时候，突然熄火，观众的心顿时提到了嗓子眼上，无数人都在为这位车手着急，这时被誉为"赛车之父"的意大利人恩佐·法拉利先生连忙问身边的助手为什么会突然熄火，助手称："大概是耗油太多，赛车没有油了。"恩佐·法拉利先生异常生气，语无伦次，大叫：“你们……加油……”四周的观众一听，以为这是恩佐·法拉利先生对自己车队车手的一种鼓励方式，于是也跟着恩佐·法拉利先生大叫：“加油、加油……”自此以后，“加油”便成了赛车场上对赛车手的一种独特的鼓励方式。

后来，随着体育运动越来越受到人们的喜爱、关注与重视，为赛车手“加油”的这种独特方式渐渐沿用到比赛场上，喊“加油”便成为了观众为参赛选手呐喊助威的全世界流行的一种方式。

 思 考 题

1-1　汽车污染物排放最少的车速是多少？

1-2　分析 2010—2022 年间的机动车污染物排放量分担率。

1-3　出行前应该进行哪些方面的车检？

2 发展中的汽车

2.1 中国古代车的发展历史

纵观人类几千年的历史，不管是战车、马车，还是较普通的手推车、农用车，其发展都是由简单结构到复杂结构，由简陋到舒适，由稀有到普及，在一定程度上代表当时社会的生产力水平。

甲骨文"车"：在甲骨文中，"车"是象形文字，由轮、辕、轭等形状的图形组成，如图2-1所示。

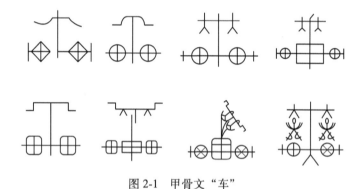

图 2-1　甲骨文"车"

原始社会人类的运输工具：原始社会人类的运输工具是在生活实践中逐渐发展成熟的，如图2-2所示。

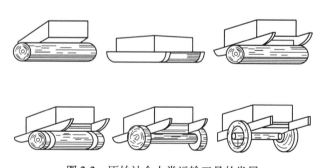

图 2-2　原始社会人类运输工具的发展

轮子的诞生：轮子在实践中诞生了，如图 2-3 所示。

图 2-3 木制轮子——最原始的车轮

车轮有辐条后，车更加轻巧了，如图 2-4 所示。秦始皇陵出土的铜牛车如图 2-5 所示。

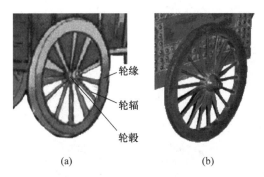

轮缘

轮辐

轮毂

(a) (b)

图 2-4 有辐条的车轮

（a）木制轮子；（b）铸造轮子

图 2-5 秦始皇陵出土的铜牛车

两轮车的发明：公元前 2717—公元前 2599 年，人类已开始研制两轮车了。

黄帝造车：黄帝号轩辕氏，黄帝时期，我国的车已有了相当的发展。传说黄帝在与蚩尤进行的战争中，就动用了战车和指南车。黄帝指南车模型如图 2-6 所示。

奚仲：奚仲是一位管车的大夫，公元前 2000 多年的夏初大禹时代，奚仲发明制造了中国车子，此车也是世界上第一辆车子。他所研制的车子主结构是两个车轮架起车轴，车轴固定在带辕车架上，车架上带有车厢，用来盛载货物。我国从大禹时代起，车辆制造业已相当发达。

记里鼓车：记里鼓车发明于西汉初年，外形为一辆车子，车上设两个木人及一鼓一钟，木人一个击鼓、一个敲钟。复原的记里鼓车如图 2-7 所示，车上装有一组减速齿轮，与轮轴相连。车行一里时，控制击鼓木人的中平轮恰好转动一周，木人便击鼓一次；车行十里时，控制敲钟木人的上平轮正好转动一周，木人便敲钟一次。坐在车上的人只要聆听这钟鼓声，就可知道车已行了多少路程。这种机械装置的科学原理与现代汽车上的里程表基本相同。

图 2-6　黄帝指南车模型　　　　　图 2-7　复原的记里鼓车

马钧：马钧，字德衡，我国古代科技史上最负盛名的机械发明家之一。据记载，三国时期的马钧（235 年）曾制造出一辆先进的指南车。如图 2-8 所示为三国指南车模型。如图 2-9 所示为现代仿制指南车模型。

图 2-8　三国指南车模型　　　图 2-9　现代仿制指南车模型（科技馆展示）

马钧所造的指南车不仅使用了齿轮传动系统，而且使用了自动离合装置，如

图 2-10 所示，即利用齿轮传动系统和自动离合装置来指示方向。在特定条件下，车上的小木人不论车子如何前进、后退、转弯，手臂一直指向南方。

祖冲之：祖冲之在前人张衡制造的指南车的基础上进行了改造，使指南车更精确。

祖凤葛与祝永洪夫妻：在祖冲之故乡——涞水县下车亭村，祖冲之的后代祖凤葛与祝永洪夫妻利用七年时间苦心钻研早已失传的制作工艺，凭借 10 多年的车床经验和木工技巧，经过无数次的失败，终于成功再造指南车，如图 2-11 所示。

图 2-10　自动离合装置

图 2-11　祖冲之后代祖凤葛再造指南车

祖凤葛夫妻制作的指南车的原理和结构与指南针不同，并非利用磁场达到定向作用，而是在指南车内部采用机械传动的方式将左右两车轮的旋转传递至输出杆件（木人）。因此，无论指南车直线前进还是转弯，内部传动机构都能够自动判定车身的旋转方向与角度，而将输出杆反方向回馈相同角度，以达到定向的目的。

宋、金两朝的燕肃与吴德仁等科学家都研制出了指南车。

燕肃设计制造的指南车是一辆双轮独辕车，车上立一木人，伸臂指南。车中，除两个沿地面滚动的足轮（即车轮）外，尚有大小不同的 7 个齿轮。《宋史·舆服志》分别记载了这些齿轮的直径、齿距、齿数，通过齿轮保证木人指南的目的，可见古人掌握了关于齿轮啮合的力学知识和控制齿轮啮合的方法。

吴德仁鉴于燕肃所制的指南车不能转大弯，否则指向就失灵这一缺点，重新设计制作了指南车。吴德仁指南车基本原理与燕肃的指南车一致，只是在附设装置方面较为复杂。他的车分上下两层，上层除木人指南外，绕木人还有两只龟、四只鹤和四个童子。上层有 13 个相互啮合的齿轮。下层的齿轮装置与上层的结构基本相同。吴德仁发明了绳轮离合装置，以保证车转大弯也不影响木人指向。

指南车是利用齿轮传动原理制造而成的，这种齿轮传动类似现代的差动齿轮（见图 2-12），相当于汽车中差动齿轮的原理。指南车是世界上最早的自动化设备，它的创造标志着中国古代在齿轮传动和离合器（现代离合变速装置见图 2-13）的应用上已取得很大成就。指南车的发明与制造体现了中华民族的伟大智慧。

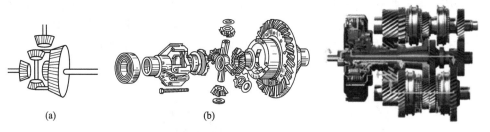

图 2-12　现代差动齿轮（a）和行星齿轮差速器（b）　　图 2-13　现代离合变速装置

2.2　蒸汽车的发明

古代的车由于没有一个能源源不断提供动力的"心脏"，只能依靠畜力或人力，始终没有办法让人们实现"驭风而行"的梦想。这个梦想一直等到瓦特发明了蒸汽机，人类开始迈入工业社会才成为可能。

第一次工业革命的标志是蒸汽机的发明和使用，在这次工业革命进程中，1785 年英国机械师瓦特对蒸汽机进行了创新改良，以蒸汽为动力的交通运输工具得到革新。

斯蒂芬：1600 年，英国人斯蒂芬根据风帆原理造出了双轨风帆车，如图 2-14 所示。风吹，车跑；风停，车停。在理想的风力条件下，车速可达 32 km/h。

南怀仁：1676 年，比利时人南怀仁在中国发明了最早的蒸汽车模型，这是一台构造比较完整的蒸汽涡轮车，如图 2-15 所示。

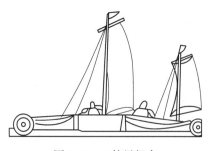
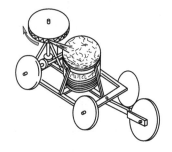

图 2-14　双轨风帆车　　　　图 2-15　南怀仁在中国制成的蒸汽车

纽科门：1712 年，英国发明家纽科门研制出世界第一台蒸汽驱动三轮车。

纽科门发明的蒸汽机依靠蒸汽推动活塞产生动力，起初用于煤矿行业。

居尼纽：居尼纽，法国人，青年时期在德国陆军担任技师。居尼纽希望将蒸汽动力转变为拉大炮的车辆牵引力，他花了 6 年的时间，在 1769 年制成了世界第一辆具有实用价值的蒸汽汽车，如图 2-16 所示。从此以后，法国被公认为蒸汽汽车的诞生地。

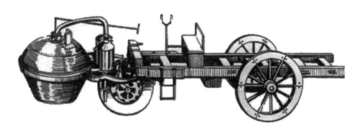

图 2-16　居尼纽制成的蒸汽汽车

詹姆斯·瓦特：瓦特（1736—1819 年）是英国著名的发明家、工程师，是工业革命时期的重要人物。

瓦特于 1785 年研制成功改良的蒸汽机，他是世界上第一台单动式蒸汽机和联动式蒸汽机的发明者，他的创造精神、超人的才能和不懈的钻研精神为后人留下了宝贵的精神和物质财富。

在瓦特的讣告中，对他发明的蒸汽机有这样的赞颂："它武装了人类，使虚弱无力的双手变得力大无穷，健全了人类的大脑以处理一切难题。它为机械动力在未来创造奇迹打下了坚实的基础。"

1764 年，学校请瓦特修理一台纽科门式蒸汽机，在修理的过程中，瓦特熟悉了蒸汽机的构造和原理，并且发现了这种蒸汽机的两大缺点：一是活塞动作不连续而且慢；二是蒸汽利用率低，浪费原料。瓦特开始思考对纽科门式蒸汽机进行改进（见图 2-17）。从 1766 年开始，在三年多的时间里，瓦特终于发明了与汽缸分离的冷凝器，解决了制造精密汽缸、活塞的工艺问题，同时采用油润滑活塞、汽缸外附加绝热层等措施，终于在 1769 年制出了第一台单动式蒸汽样机。同年，瓦特因发明冷凝器而获得他在革新纽科门

图 2-17　瓦特正在改良蒸汽机

式蒸汽机过程中的第一项专利。第一台带有冷凝器的蒸汽机虽然试制成功了，但它同纽科门式蒸汽机相比，除了热效率有显著提高外，作为动力机带动其他工作

机的性能方面仍未取得实质性进展。也就是说，瓦特的这种蒸汽机还是无法作为真正的动力机。1781 年底，瓦特研制出了一套被称为"太阳和行星"的齿轮联动装置，终于把活塞往返的直线运动转变为齿轮的旋转运动。现代行星轮系结构如图 2-18 所示。

1782 年，瓦特发明了具有连杆、飞轮和离心调速器的双动作式蒸汽机，制成了新的可实用的蒸汽机。这种双动作式蒸汽机，通过安装阀门，

图 2-18　行星轮系

可利用蒸汽的压力来推动活塞，既可向前、又可向后，并借助连杆和飞轮把活塞的直线运动变成了圆周运动。为了保持蒸汽机的匀速运转，把一个离心调速器连接在进汽活门上，使其自动调节进汽量。这种装置是最早使用的自动控制器。瓦特设计了一个和汽缸分离的冷凝器，将高温蒸汽从汽缸中导出并冷却，使得主要汽缸能保持一定温度，同时提高了汽缸的精密度，把活塞和阀门也做得光滑、严密，不久以后就被广泛应用于采煤业以及其他工业。

从最初接触蒸汽技术到蒸汽机研制成功，瓦特走过了 20 多年的艰难历程。瓦特虽然多次受挫、屡遭失败，但他仍然坚持不懈、百折不回，终于完成了对纽科门式蒸汽机的三次革新。至此瓦特完成了蒸汽机改良的全过程，使蒸汽机得到了更广泛的应用，成为改造世界的动力。

史蒂芬逊：史蒂芬逊，英国人，利用瓦特发明的蒸汽机设计出了"火箭号"机车，如图 2-19 所示。

图 2-19　史蒂芬逊设计的"火箭号"机车

富尔顿：1807 年，美国人富尔顿制成第一艘汽船；1819 年，一艘美国轮船成功地横渡大西洋。

2.3 内燃机时代

第二次工业革命从 19 世纪 70 年代开始，技术主要集中表现在电力、石油的发展和利用方面，柴油发动机、汽油发动机进入实用时代，经过了几代人的潜心钻研，人类进入电气时代和汽车时代。

勒努瓦：1860 年，法国技师勒努瓦制造了第一台煤气二冲程内燃机，该内燃机与蒸汽机的做功方式相似，在活塞运动第一行程中，将煤气和空气的混合气吸入汽缸，用电火花点燃，混合气点燃膨胀，推动活塞对外做功，在活塞返回行程中，排出废气。由于没有压缩混合气，该发动机的热功率很低。1862 年，这台发动机成功地装置在马车底盘上，迈出了内燃机走向实用的第一步。

罗夏：1860 年，法国铁道技师罗夏发表了四冲程理论，提出由吸气、压缩、燃烧做功、排气四个行程循环工作的发动机。在理论上，四行程发动机的效率可以提高很多，压缩得越厉害，功率也就提高得越快。没有罗夏的四冲程理论，也就没有现代四冲程原理的发动机。

奥托：奥托，发动机的奠基人。1876 年，德国人奥托根据罗夏四冲程理论制造了第一台四冲程发动机，1877 年取得专利权。可燃气仍然是煤气和空气的混合气，压缩比为 2.5，热效率提高 12%，运动平稳。奥托内燃机的出现，使人类进入一个新的内燃机时代。

鲁道夫·狄塞尔：鲁道夫·狄塞尔，柴油机之父，德国发动机工程师。1879 年，年仅 21 岁的狄塞尔从大学毕业，成为一名冷藏专业工程师。在工作中狄塞尔深感当时的蒸汽机效率极低，萌发了设计新型发动机的念头。在积蓄了一些资金后，狄塞尔辞去了制冷工程师的职务，自己开办了一家发动机实验室。他经过多年潜心钻研，研制发明了压缩燃烧式发动机并取得专利。他先让汽缸内吸入纯空气，再用活塞强力压缩，使空气的体积缩小到 1/15 左右，缸内温度升高到 500~700 ℃，此时用压缩空气把柴油变成雾状喷入汽缸，与缸里的高温高压空气混合，汽缸内温度较高，柴油喷入随即自行着火燃烧，即产生高压，推动活塞做功。

柴油发动机经过 40 年的改进，已发展成为节油、热效率高、压缩比大、功率大的发动机，并被大众广为接受。1936 年，柴油机首先在奔驰 260D 小车上使用；截至目前，其已在汽车、船舶乃至整个工业领域得到越来越广泛的应用。现代柴油发动机如图 2-20 所示。

图 2-20　现代柴油发动机

卡尔·苯茨（Karl Benz）：卡尔·苯茨，德国工程师。1879 年，卡尔·苯茨首次试验成功一台二冲程发动机。1886 年，制成了世界上第一辆"无马之车"。该车在一辆四轮"美国马车"上装上卡尔·苯茨制造的功率为 800 W、转速为 650 r/min 的发动机后，能以 18 km/h 的速度行驶。世界上第一辆汽油发动机（第一台汽油三轮单缸四行程发动机）驱动的三轮汽车（如图 2-21 所示）就此诞生了。1888 年，卡尔·苯茨领取了第一个汽车驾驶证。他是德国著名的戴姆勒-奔驰汽车公司的创始人之一，是现代汽车工业的先驱者之一，人称"汽车之父""汽车鼻祖"。

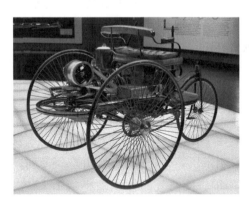

图 2-21　第一辆汽油发动机三轮汽车

戈特利布·戴姆勒（Gottlieb Daimler）：戈特利布·戴姆勒，德国人。戈特利布·戴姆勒于 1882 年开始研制汽油发动机，1886 年制成第一辆四轮汽车，有人称它是奔驰一号汽车，如图 2-22 所示，该车采用单缸四行程水冷汽油发动机，速度可达 15 km/h。内燃机汽车的问世标志着汽车真正诞生。如图 2-23 所示为 1886年戴姆勒和儿子驾车旅行，如图 2-24 所示为产自 20 世纪 40 年代前的老式汽车。

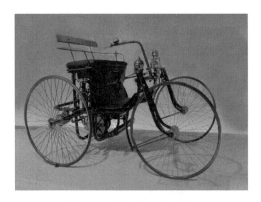

图 2-22　第一辆四轮汽车　　　　　　　图 2-23　1886 年戴姆勒和儿子驾车旅行

图 2-24　老式汽车（1928 Mercedes-Benz）

2.4　新型车用发动机

发动机按照活塞的运动方式分为活塞式和燃气涡轮式两种，活塞式又可分为往复活塞式和旋转活塞式。目前，汽车多采用往复活塞式发动机。

为应对能源短缺、环境污染、生态失衡等人类最为关注的三大社会问题，人们创造了新型动力装置。

新型车用发动机是指除当前在车用动力中占统治地位的燃用传统燃料汽油或柴油的往复活塞式发动机以外的动力机械。

2.4.1　三角活塞旋转式发动机

三角活塞旋转式发动机简称转子发动机，是由德国工程师汪克尔发明的，所以又称为汪克尔发动机。其结构原理如图 2-25 所示。

1954 年，汪克尔在总结前人取得的成果基础上，经过长期研究，解决了旋

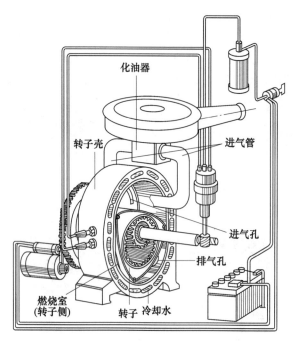

图 2-25　转子发动机结构原理示意图

转式发动机气体密封的重大技术难题，并于 1958 年成功地制成了第一台转子发动机，1986 年，在国外生产了 150 万辆。

转子发动机与往复活塞式发动机相比，其优点是升功率大、比质量小、振动轻微、结构简单、零件数量少、拆装方便、维修简易、制造也不困难。

20 世纪 80 年代后，由于采用了新的技术，其中包括采用涡轮增压、电控燃油喷射、排气净化、分层燃烧和微机控制系统等技术，使转子发动机的经济性、动力性、排放性等技术指标均达到较高的水平。

2.4.2　燃气涡轮发动机

燃气涡轮发动机简称燃气轮机，是另一种旋转式发动机。目前，国外在重型货车和长途客车上已经较多地使用了燃气轮机。图 2-26 为燃气涡轮发动机结构示意图。

1939 年，第一台电站燃气轮机在瑞士新堡正式运行。

燃气轮机作为汽车动力，与往复活塞式发动机相比具有以下优点：

（1）燃气轮机没有往复运动件，因而平衡性好、振动轻微。

（2）转速高，当功率相同时，在外形尺寸及质量方面都优于往复活塞式发动机。

（3）摩擦副少，机械效率高，润滑油消耗率低。

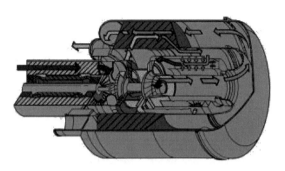

图 2-26 燃气涡轮发动机结构示意图

（4）燃料适应性好，可以使用气体燃料和各种液体燃料。

（5）启动性好。

（6）排气中有害排放物少。

（7）转矩特性好，可以减少汽车变速器的挡数。

但燃气轮机作为汽车动力，与往复活塞式发动机相比，目前尚存在加速性能差、突然减小负荷时有超速危险，以及空气消耗量大、对空气纯净度要求高等缺点。

燃气轮机的主要类型有涡轮喷气发动机、涡轮风扇发动机、涡轮螺桨发动机、涡轮轴发动机。

燃气涡轮发动机按照活塞的运动方式可分为活塞式和燃气涡轮式两种，为解决能源短缺、环境污染、生态失衡等人类最为关注的三大社会问题，而创制了新型动力装置。

涡轮增压器等的改进和普及能够有效提高燃油利用率和动力，双"S"双涡轮增压进气设计，可以实现分时、分转速提供额外氧气充分燃烧。

福特 EcoBoost 1.0T 是一款采用涡轮增压直喷发动机的轿车，最大功率为 120 马力（1 米制马力 = 735.49875 W），最大扭矩为 170 N·m。

2.4.3 斯特灵发动机

斯特灵发动机是封闭循环回热式外燃机，也称热气机，如图 2-27 所示。

在 18 世纪 70 年代，蒸汽机问世伊始效率很低，其原因之一是水蒸气在汽缸中膨胀之后冷凝而造成较大的热损失，于是有人设想，利用热的气体代替水蒸气作为热机的工质，便可消除这项热损失，从而提高热机效率。1816 年，英国人斯特灵根据这一设想创制了以热空气为工质的封闭循环热空气机，即斯特灵发动机。不过当时该机的效率和功率仍然很低。

随着科学技术及生产现代化的进展，荷兰菲利普（Philip）公司从 1938 年起

图 2-27　斯特灵发动机示意图

开始了现代斯特灵发动机的研制工作。到 20 世纪 80 年代，斯特灵发动机安装在长途客车、轿车及重型货车上试用，开创了斯特灵发动机研究的新阶段。

斯特灵发动机的主要优点如下：

（1）可燃用多种燃料。因为斯特灵发动机的燃料燃烧过程是在汽缸外部接近大气压力下连续进行的，所以对燃料品质的要求不高，如煤油、重柴油、煤炭、煤气、薪柴、酒精、植物油等都可燃用。

（2）热效率高。斯特灵发动机是一种高效率能量转换装置，其热效率和有效热效率与柴油机相当。

（3）排气污染小。斯特灵发动机的燃烧过程可在过量空气下进行，因此排气中 CO、HC、NO_x 及炭烟的含量都比往复活塞式发动机低得多。

（4）噪声水平低。

（5）运转特性好，转矩均匀，运转平稳，超负荷能力大，斯特灵发动机很适合用作汽车动力。

（6）工作可靠，使用寿命长，燃油消耗率低。

虽然斯特灵发动机有许多优点，但是直到目前为止尚未达到大规模商业化生产的水平，其主要原因是制造成本约比同功率的往复活塞式内燃机高出一倍。

2.5　车用新能源燃料

2.5.1　空气污染与治理举措

汽车尾气中含有上百种不同的化合物，其中的污染物有固体悬浮微粒、一氧化碳、二氧化碳、碳氢化合物、氮氧化物、铅及硫氧化合物等。一辆轿车一年排出的有害废气比自身质量大三倍。英国空气洁净和环境保护协会曾发表研究报告称，与交通事故遇难者相比，英国每年死于空气污染的人数要多出 10 倍。面对当前严重的空气污染，采取的措施有以下几点：

（1）督促国内油品升级。国V标准汽油的硫含量上限为 10 mg/L。中国柴油的硫含量由国Ⅲ标准的 150 mg/L 降到 30 mg/L，所减少车辆大于 3300 万辆。目前国有加油站销售的都是低硫燃料油。

（2）淘汰尾气排放不达标车。2020 年北京淘汰国Ⅲ的 6.5 万辆老旧汽车（尾气排放不达标车），以改善空气质量。

（3）新能源动力应用。汽车是空气污染、能源消耗和碳排放的主要来源之一，自然成为消除雾霾天气、消除污染、保护环境、节能减排所关注的重点。

新能源动力汽车以其尾气排放少或零污染以及节约能源消耗成为当今汽车产业的首选开发项目。国家鼓励扶持公交、环保等行业以及政府机关使用纯电动、液化天然气、混合动力等新能源汽车。

2.5.2 绿色工业革命

人类历史上第四次工业革命，实际上是"新能源、新材料、新环境、新生物科技"的绿色工业革命。

生态环境的恶化、自然资源和能源的过度消耗等威胁，使人类的处境越来越艰难。

两百年来的人类文明中，工业动力大多基于碳燃烧，碳基能源资源的有限性以及碳基能源燃烧产生大量的二氧化碳改变了地球的大气结构。

世界气象组织发布的《2011 年 WMO 温室气体公报》表明，2011 年全球大气中主要温室气体浓度再次突破有观测纪录以来的最高点，二氧化碳平均浓度为 396 ppm（1 ppm 为 10^{-6}），甲烷为 1824 ppb（1 ppb 为 10^{-9}），氧化亚氮为 325 ppb。分别比工业革命 1750 年前增加了 40%、159% 和 20%。其中二氧化碳浓度的增幅与过去十年的平均增幅持平，甲烷和氧化亚氮浓度的增幅均超出了过去十年平均增幅。在温室气体对全球气候变暖的"贡献"中，二氧化碳约占 64%，甲烷约占 18%，氧化亚氮约占 6%，其他温室气体约占 12%。

温室气体浓度变化与人类活动排放的变化密切相关。1750 年工业革命以来，通过化石燃料燃烧等方式向大气中排放的二氧化碳总量已相当于 3750 亿吨碳。除了约 45% 被海洋和陆地生物吸收外，另外约 55% 留存在大气中，使得大气中的二氧化碳浓度逐年上升。研究表明，近年来大气中二氧化碳、甲烷和氧化亚氮浓度逐年增加的上升趋势与人类活动排放温室气体的持续增长有关。

恶劣气候频繁发生，地球生态环境遭受了严重破坏，在这样一个重要的历史转折时期，新能源产业、环保产业，将肩负重任。

以绿色经济为核心的"经济革命"正席卷全球，欧、美、日等主要发达国家和地区纷纷制定和推进绿色发展规划，不少发展中国家在能源政策方面发生了极为重大的转折。

美国发布了购买混合动力汽车每台补贴 7000 美元的激励政策。2021 年《新能源汽车补贴标准》规定，对于已经满足支持条件的新能源汽车，按照 3000 元/（kW·h）进行补助。插电式混合动力乘用车的最高补助是每辆车补助 5 万元。纯电动乘用车的最高补助是每辆车补助 6 万元。

中国在新能源汽车上的投资，主要以混合动力车、插电式混合动力车和纯电动车为主，燃料电池车受限于存储技术，目前基本处于研发、测试阶段，没有实现批量生产。中国也已经开始试验其他替代燃料动力汽车。

2.5.3　车用动力燃料新发展

由于石油的匮乏，车用动力燃料目前从 4 个方面开发研究：（1）非石油燃料的开发；（2）新动力能源的开发利用；（3）混合动力的开发应用；（4）再生能源与现有能源复合的新型混合动力的开发研究。

（1）非石油燃料：非石油燃料即为代用燃料，分为气态、固态、液态三种，如图 2-28 所示。

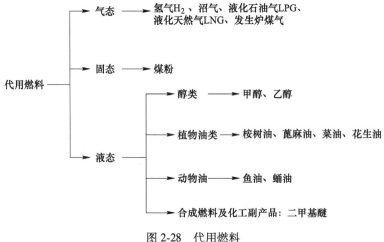

图 2-28　代用燃料

（2）新动力装置：开发新型太阳能、风能、地热能、海洋能、生物质能、核能等零碳电力技术以及机械能、热化学、电化学等储能技术；开发可再生能源/资源制氢、储氢、运氢和用氢技术以及低品位余热利用等零碳非电能源技术；开发生物质利用、氨能利用、废弃物循环利用、非含氟气体利用、能量回收利用等零碳原料/燃料替代技术，将这些新技术应用于新动力汽车上。摒弃传统发动机，采用新动力装置，如纯电动汽车、太阳能汽车、氢能源汽车、空气动力汽车、风力汽车等。

（3）混合动力：鉴于当前技术的限制，混合动力汽车是目前广泛采用的一种车辆，也是改善空气污染的主要措施之一。

（4）再生能源的利用：将生物油等再生能源应用于传统发动机，对传统发动机的适应性需要做进一步的开发研究。

2.6　新动力汽车

电动车辆实际上比内燃机车辆出现得更早。由于能源短缺问题，就在蒸汽机汽车产生的初期，电动汽车的研究已迈出了第一步。

2.6.1　早期电动汽车

普兰特（Plante）：法国人，1859年发明了蓄电池，为电动车辆的实际应用开辟了道路。

罗伯特·戴维森（Robert Davidson）：英国人，1873年首次在马车的基础上制造出四轮卡车，该车是最早的电动汽车，如图2-29所示，它由铁锌电池（一次电池）提供电力，由电机驱动。它比以内燃机为动力的汽车发明早13年。

图2-29　戴维森制造的电动汽车

西门子：德国人，西门子制成第一辆有轨电车。1879年，德国工程师西门子在柏林的博览会上首先尝试使用电力带动轨道车辆。如图2-30所示为柏林博

图2-30　柏林博览会上展出的第一辆有轨电车

览会上展出的第一辆有轨电车，如图 2-31 所示为 1903 年德国柏林亚历山大广场上的有轨电车。

图 2-31 1903 年德国柏林亚历山大广场上的有轨电车

1881 年，古斯塔夫·特鲁夫（Gustave Trouvé，法国工程师）制造了第一辆电动三轮车。

1882 年，英国人 W. E. Agcton 和 Jhon Perry 组装了第二辆电动三轮车。

1890 年，美国依阿华州诞生了第一辆电动汽车。爱迪生和福特都对电动汽车的开发做出了很大贡献。

1899 年，法国制造出第一辆电动汽车。19 世纪 80 年代，在法国已制造了多辆名副其实的电动汽车。

19 世纪 90 年代，电动汽车有了较快的发展，于 1898 年创立的哥伦比亚电气公司当时曾生产了 500 辆电动汽车。

1899 年，法国人卡米尔·杰纳茨（Camille Jenatzy）驾驶着 44 kW 双电动机为动力的后轮驱动电动汽车创造了 105 km/h 的最高车速纪录，如图 2-32 所示。

图 2-32 1899 年杰纳茨驾驶的电动汽车

1900 年，德国出现了第一辆电动汽车。

1900 年，美国制造的汽车中，电动汽车有 15755 辆，蒸汽机汽车有 1684 辆，而汽油机汽车只有 936 辆。1912 年，美国已大量生产电动汽车。

1915 年，美国电动汽车的保有量达 5 万辆。

20 世纪 20 年代初，在美国汽车保有量中，电动汽车占 38%，而内燃机作动力的车辆大约占 22%。

1912 年，美国工程师查尔斯·凯特灵（Charles Kettering）发明了启动机，这促进了内燃机汽车的发展。在以后的 20 年间，电动汽车与内燃机汽车展开了激烈的竞争。

对蒸汽机汽车来说，存在给水繁琐、启动时为达到必要的蒸汽压力所需时间太长，以及存在安全性和公害方面的缺陷等。对电动汽车来说，由于技术的限制，一次充电的续驶里程太短，而且蓄电池的质量和体积都很大，这一直是制约电动汽车发展的瓶颈，在车上为安放电池使室内空间过于狭小。

20 世纪 50—60 年代中期，电动汽车开始复苏。内燃机汽车排气污染环境，成为发达国家公认的公害之一，人们的环保意识不断增强，对汽车的排放控制越来越严格，只有电动汽车才能满足零排放污染的要求。石油资源匮乏，西方发达国家要大量进口石油，因而人们再次将目光投向电动汽车。

2.6.2 现代动力汽车

电动汽车开发的第三次机遇始于 20 世纪 90 年代，世界上除了已存在的能源问题之外，环境保护也逐渐成为各个方面所关心的重大课题，内燃机汽车的排放污染，给全球的环境以灾难性的影响，因此开发生产零污染交通工具成为各国所追求的目标，电动汽车的无（低）污染优点，使其成为当代汽车发展的主要方向。

杭州是国家新能源汽车试点示范城市之一。2012 年，在新增的 600 辆出租车中，有 200 辆是纯电动出租汽车。2012 年 1 月 26 日，首批 30 辆电动出租车正式上路。广州 2014 年投入 26 辆广汽纯电动公交车。2022 上半年，中国纯电动车销量为 206.17 万辆，中国纯电商务车销量为 122777 辆。

2.6.2.1 纯电动车

电动车是指以车载电源为动力，用电机驱动车轮行驶，符合道路交通、安全法规各项要求的车辆，它包括电动汽车、电动摩托车和电动自行车等。低耗、低污染、高效率的优势使其在人类面前展现了良好的发展前景。纯电动车实物图如图 2-33 所示，电动汽车动力系统如图 2-34 所示。

电动车的特点如下：

（1）电动车用电池作动力，本身不排放污染大气的有害气体，实现了零排放，被称为真正的绿色环保车。

（2）按所耗电量换算为发电厂的排放，除硫和微粒外，其他污染物也显著减少，而且由于电厂大多建于远离人群的地方，所以对人类伤害较小，加上电厂

(a)　　　　　　　　　　　　　　　　(b)

图 2-33　纯电动车实物图

（a）上汽荣威 E50 纯电动车；（b）比亚迪电动车

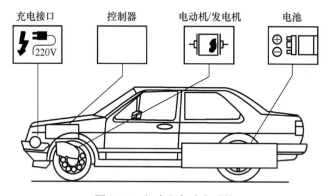

图 2-34　电动汽车动力系统

固定不动，集中排放、清除烟囱内的硫和微粒等有害物质相对较容易。

（3）电动车由于取消了内燃机，开车时听不到震耳欲聋的发动机轰鸣声，噪声骤降至 30 dB 以下，因此人们不用担心车辆的噪声污染。

（4）充电时间灵活，一般使用直流快充充电桩为车辆充电时，将电池电量从 0 充至 80%，只需要 15~60 min 即可，但是为了保护电池的安全，当电池电量达到 80% 以后，充电功率就会逐渐减小，充满 100% 的电量需要 1.8~2 h。

（5）一次充电所能行驶的里程，国产轿车一般在 200~400 km。

2013 年 1 月 23 日，中国首辆量产纯电动汽车荣威 E50 正式挂牌上路。荣威 E50 完全由上汽集团自主研发，采用电动汽车整车平台，并顺利通过 C-NCAP 四星安全碰撞测试，是中国最安全的纯电动汽车。中国 2025 年预计将达到约两亿辆纯电动客车，其中 30% 为纯电动汽车（EV）或串联式混合动力车（HEV）。

我国已具有新能源领域核心能力，掌握整车系统集成和标定匹配、CAN 通信协议优化、安全控制策略设计、诊断系统开发等混合动力轿车关键核心技术。

2.6.2.2 混合动力汽车

混合动力车辆是从节能、低排放等特点出发，对车辆动力研究迈出的第二步。

混合动力汽车（hybrid electric vehicle，HEV）是指车上装有两个以上动力源，如蓄电池、燃料电池、太阳能电池、内燃机车的发电机组。

车辆驱动系由两个或多个能同时运转的单个驱动系联合组成。车辆的行驶功率依据实际的车辆行驶状态由单个驱动系单独或多个驱动系共同提供。

混合动力汽车的种类目前主要有如下 3 种：

（1）并联动力方式：以发动机为主动力、电动机作为辅助动力的并联动力方式，这种方式主要以发动机驱动行驶，利用电动机所具有的在启动时产生强大动力的特征，在汽车起步、加速等发动机燃油消耗较大时，用电动机辅助驱动的方式来降低发动机的油耗。

（2）混联动力方式：在低速时只靠电动机驱动行驶，速度提高时发动机和电动机相配合驱动。这种方式需要动力分担装置和发电机等，因此结构复杂。

（3）串联动力方式：只用电动机驱动行驶的电动汽车为串联动力方式汽车，发动机只作为动力源，汽车只靠电动机驱动行驶，即驱动系统只是电动机，但因为同样需要安装燃料发动机，所以其也是混合动力汽车的一种。

混合动力汽车的优点如下：

（1）采用复合动力后可按平均需用的功率来确定发动机的最大功率，此时在油耗低、污染少的最优工况下工作。需要大功率发动机，功率不足时由电池来补充；负荷少时，富余的功率可发电给电池充电，由于内燃机可持续工作，电池又可以不断得到充电，故其行程和普通汽车一样。

（2）制动、下坡、急速时的能量可以回收。

（3）实现零排放，即在繁华市区，关停内燃机，由电池单独驱动。

（4）内燃机可以方便地解决耗能大的空调、取暖、除霜等纯电动汽车遇到的难题。

（5）可以利用现有的加油站加油，不必再投资建站。

（6）可让电池保持在良好的工作状态，不发生过充、过放，延长其使用寿命，降低成本。

混合动力汽车已经有 20 多年的发展历史，丰田汽车公司在实现混合动力系统的低能耗、低排放和改进行驶性能方面已经走在了世界前列。1997 年 12 月宣布推出复合动力电动轿车普锐斯，到 2012 年时，其所有的车型将全部装上混合动力发动机。本田汽车 2022 年的混合动力汽车销量达到 179053 辆。

美国克莱斯勒汽车公司于 1998 年 2 月在底特律展出第二代道奇无畏 E SX2型复合动力电动轿车，随后又推出 3 款混合动力车，即通用 Precept、福特

Prodigy、戴-克 DodgeESX3。法拉利 2013 款混合动力车通过采用混合动力技术，二氧化碳排放量将降低 40%，整体性能也将大幅提升。采用混合动力系统的车将相对增重 120 kg（约 260 lb），加速到 200 km/h 所用时间也将相对快 3 s。为进一步提高整体性能和经济性，整个车身和底盘都将采用碳纤维。其动力输出预计可达 920 马力（1 米制马力＝735.49875 W），再加上其轻盈的车身，表现将远超过其他大多数混合动力车。美国 2022 年混合动力车销量达到 801550 辆。

中国合资汽车企业 2001 年开始研究混合动力车，2021 年中国混合动力乘用车销量达到 177.8 万辆。如图 2-35 所示为玉柴 YCHPT Ⅱ 混合动力系统。玉柴 YCHPT Ⅱ 混合动力系统是于 2011 年推出的混合动力系统，具备单轴并联的集成化程度，功率密度大，电机功率达到 120 kW，可适应深度混合动力和插电式系统的需求。

图 2-35　玉柴 YCHPT Ⅱ 混合动力系统

2.6.2.3　氢能源汽车

燃料电池（fuel cell）是一种将存在于燃料与氧化剂中的化学能直接转化为电能的发电装置。

采用氢能源作为燃料的氢燃料电池，其工作原理是利用电分解水时的逆反应，使氢气与空气中的氧气产生化学反应，产生水和电，从而实现高效率的低温发电，且余热可以回收与再利用。

汽车的动力系统主要由燃料电池发动机、燃料箱（储氢罐）、电机、动力蓄电池等组成，采用燃料电池发电作为主要能量源，通过电机驱动车辆前进。

燃料电池汽车的性能特点如下：

（1）动力系统工作时，排放物质只有水和蒸汽，汽车可真正实现零排放。

（2）汽车动力系统工作效率高。

（3）汽车的燃料来源广泛，作为可再生的能源载体，可以消除汽车能源短缺之忧。

（4）噪声低。

（5）其能量转换效率高达 80%，实际使用效率则是普通内燃机的 2~3 倍。

（6）成本高，这使得氢能源汽车不能量产。

燃料电池轿车如图 2-36 所示，打开它的发动机盖，非常整洁，看不到任何的线路，更没有常见的进气歧管、机油尺，隐藏在下面的是这辆车的动力核心：永磁同步电机。如图 2-37 所示为梅赛德斯-奔驰 F125。

图 2-36 燃料电池轿车

图 2-37 梅赛德斯-奔驰 F125

梅赛德斯-奔驰 F125 电动汽车属于 S 级豪华轿车，具有宽敞、舒适和安全的特性。F125 人称移动的实验室，孕育了奔驰豪华车的未来。其技术特点：

（1）零排放。具有燃料经济性高、零排放、采用最先进的氢燃料电池等特点。等价燃油经济性为 105 gal/km［1 gal（美制）= 3.785411784 L］，即每加仑油行驶 105 km。

（2）四台电动机。该车型使用最先进的燃料电池，采用氢产生电能，驱动车内四台电动机，其速度和环保性能是奔驰公司在未来的 S 级车型上逐步实现的。

（3）超短后悬。F125 车型较现有的短轴距 S 级车型短 97 mm、宽 110 mm、低 50 mm。但由于其超短的后悬，它的轴距比现有的长轴距版车型还要长。

（4）超轻技术。该车搭载着一种轻量的铝底盘，可支撑 23 in（约 58.42 cm）

的车轮，其质量较现款 S350CGI 还小 135 kg。

（5）核心技术。F125 车型新系统的核心是专门设计的氢箱，作为该车地板的结构部件融入其中。氢箱产生的电能可以不间断地驱动车内四角装置的无刷电动机。

英国政府将大力发展氢燃料电池汽车，计划在 2030 年之前，英国氢燃料电池汽车保有量达到 160 万辆，并在 2050 年之前使其市场占有率达到 30%～50%。

如图 2-38 所示为奔驰 B-Class F-Cell 氢燃料电池汽车。该车动力搭载氢燃料电池驱动系统，加注氢燃料通过车内装置迅速转化成电能，加满氢燃料的过程仅需 3 min。中国自主研制的氢燃料电池轿车如图 2-39 所示。在 2008 年北京奥运会中投入了运营，氢燃料电池轿车加一次氢可跑 300 多公里，速度达 140～150 km/h。目前，氢燃料电池轿车比同类型内燃机车质量大 200 多千克，价格贵 5 倍以上。氢气燃料消耗率小于 1.2 千克/百公里。2022 年，我国燃料电池汽车产销量达到 0.4 万辆。

图 2-38　奔驰 B-Class F-Cell 氢燃料电池汽车

图 2-39　中国自主研制的氢燃料电池轿车

地球上的氢主要以化合物如水（H_2O）、甲烷（CH_4）、氨气（NH_3）等形式存在。氢气本身不具毒性及放射性，是环保、安全的无碳能源，氢能的可储性使其在未来可再生能源体系中处于无可替代的位置，成为人类向往的能源。但是制氢的成本高，这也是限制其发展的主要原因。

2.6.2.4　天然气汽车

天然气汽车的排污量大大低于以汽油为燃料的汽车，成本也比较低，作为盛产天然气的中国来说，这是一种理想的清洁能源汽车。

按照所使用天然气燃料状态的不同，天然气汽车可分为压缩天然气（CNG）汽车和液化天然气（LNG）汽车。压缩天然气是指压缩到 20.7~24.8 MPa 的天然气，储存于车载高压气瓶中。液化天然气是指常压下、温度为−162 ℃的液体天然气，储存于车载绝热气瓶中。

相比于天然气，液化石油气（LPG）是一种在常温常压下为气态的烃类混合物，比空气重，有较高的辛烷值，具有混合均匀、燃烧充分、不积炭、不稀释润滑油等优点，能够延长发动机使用寿命，而且一次载气量大、行驶里程长。但目前世界上使用较多的是压缩天然气汽车。

2.6.2.5　甲醇汽车

甲醇资源丰富，可以再生，属于生物质能源。合成甲醇可以从固体（如煤、焦炭）、液体（如原油、重油、轻油）或气体（如天然气及其他可燃性气体）中提取。

在汽车上使用甲醇，可以提高燃料的辛烷值，增加氧含量，使汽车缸内燃烧更充分，可以降低尾气有害物的排放。

用甲醇代替石油燃料，在国外已经应用多年，甲醇汽车控制系统技术已经很成熟。近年来由于石油资源紧张，汽车能源多元化趋向加剧。目前世界上已有 70 多个国家在不同程度地应用甲醇汽车，有的已达到较大规模。

甲醇汽车的特点如下：

（1）节能环保，可以节省 40% 的燃油费用。

（2）甲醇可以起到清洁发动机中的积炭和油路中油垢的作用。

（3）低排放，低污染，绿色环保。M85 甲醇与 93 号汽油相比，CO 排放下降 39%，HC 化合物排放下降 47%。

（4）甲醇分子含有大量氧，是赛车、航模、军工动力产品的配方燃料，是高辛烷值、高标号的高等级燃料。

（5）由于甲醇对橡胶的融胀作用和对个别金属（铅、铝）的轻微腐蚀作用，造成使用 M100 甲醇燃料对汽车燃油泵、油表、油路有损伤，增加了汽车维修次数和费用。

（6）增加了燃油泵的工作负荷，使燃油泵的工作寿命缩短。

（7）冬天冷启动困难。

2.6.2.6　太阳能汽车

如果由太阳能汽车取代燃料汽车，每辆汽车的二氧化碳排放量可减少 43%~54%。正常情况下，一台汽油发动机的能源利用率约为 25%，利用率最高的也只是在 50%~60%，而太阳能汽车的能源利用率却能达到 95%。因此，太阳能汽车已引起人们极大的兴趣，并将在今后得到迅速的发展。

普通电动汽车的储能装置蓄电池是通过电网充电的方式获得能源的，而太阳能汽车的蓄电池则是通过光电转换器件将太阳能变为电能对电池实行充电。

1982 年，墨西哥研制出三轮太阳能车，速度达到 40 km/h，由于这辆汽车每天所获得的电能只能行驶 40 min，所以它不能跑远路。这种汽车在车顶上架有一个装太阳能电池的大棚。在阳光照射下，太阳能电池供给汽车电能。

丹麦冒险家、环保倡导者汉斯·索斯特洛普在 1982 年设计并制造了世界上第一台太阳能汽车，并命名为"安静的到达者号"。

日本、德国、美国、法国等一批国家已研制出太阳能汽车，并在特定的场合进行交流和比赛。1987 年 11 月，在澳大利亚举行了一次世界太阳能汽车拉力大赛，赛程全长 3200 km。

1984 年 9 月，中国首次研制的"太阳号"太阳能汽车试验成功，该车车顶上安装了 2808 块单晶硅片，组成 10 m² 的硅板，装有 3 个车轮，自重 159 kg，车速 20 km/h。我国太阳能汽车的储备电能、电压等数据和设计水平，已接近或超过了发达国家水平，太阳能汽车是一种有望普及推广的新型交通工具。

我国 19 岁高二学生朱振霖花费 1.5 万元于 2012 年自行研制出一辆太阳能汽车，不需气、不需油，每天晒晒太阳，能开 40~70 km/h。该太阳能汽车长 3.2 m、宽 1.4 m、高 1.4 m，如图 2-40 所示。

图 2-40　朱振霖设计制造的太阳能汽车

如图 2-41 所示为鱼形太阳能汽车。如图 2-42 所示为菲律宾于 2007 年 9 月 1 日制造的太阳能动力车，由德拉萨大学学生埃里克·谭驾驶。

芬兰生产的太阳能汽车 Lightyear One，2022 年限量供应 946 辆。该车动力方面，Lightyear One 共有四个电机，最大功率为 101 kW，最大扭矩为 1200 N·m，车身材料为碳纤维加铝合金的车型仅重 1315 kg，独特的外形设计使该车获得了

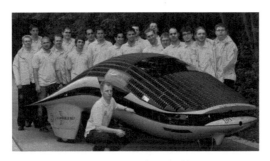

图 2-41 鱼形太阳能汽车

图 2-42 菲律宾制造的太阳能动力车

0.20 cd 的超低风阻系数，在太阳照射强度较弱的多云条件下，整台车可以获得大约 40 km 的"太阳补能"，这台车本身还有 725 km 的续航功能，8 h 照射下，这台车就具备了 96 km 的续航，在同等电池尺寸下，Lightyear One 可以多出 1.5 倍行驶里程。如图 2-43 所示为芬兰生产的 Lightyear One 太阳能动力车。

图 2-43 芬兰 Lightyear One 太阳能动力车

2.6.2.7 空气动力汽车

能源问题与环保问题一直以来是困扰全球汽车行业的最严峻的两大问题，能源危机迫在眉睫。用新能源取代汽油，如空气动力汽车，是汽车发展研究方向之一。

空气动力汽车技术始于法国工程师居伊·内格尔（Guy Negre）。

19世纪，法国著名科幻小说家儒勒·凡尔纳就曾描绘过这样一幅图景——满街跑着以空气为动力的概念汽车。

发明者居伊·内格尔于2002年在巴黎举行的国际汽车展上，展出了高压空气推动发动机的小型概念汽车"城市之猫"（CityCAT）。

美国ZPM（Zero Pollution Motors）公司在2011年初将空气动力汽车投放美国市场。

法国某汽车公司在2016年推出空气动力汽车。如图2-44所示为压缩空气动力发动机，如图2-45所示为空气动力汽车。

图2-44　压缩空气动力发动机

图2-45　空气动力汽车

2.6.2.8　风力概念汽车

未来的期望是动力的彻底环保。人类发展到一定程度之后，可在冰上行驶汽车，其动力为风力，即风力驱动概念汽车。

"疾风探险者"是由两名德国发明家德克·吉翁和斯蒂芬·西默尔合作研发的风力汽车，可成功穿越广袤的澳大利亚大陆（全部行程约5000 km），主要以风力和风筝为驱动力，而用于为蓄电池充电的花费只有区区10澳元（约合66元人民币）。2011 年 2 月 14 日，共结束长约 5000 km 的长距离旅行测试，全球尚属首例。

该汽车主要靠风力和风筝驱动，类似赛车风格的敞篷车，拥有碳纤维车身和自行车轮胎，即使装入电池，总质量也大约只有 204 kg，没有电池时车身质量仅为 82 kg，远远轻于一般汽车，且速度可达 88 km/h 以上。其主要动力来自锂电池，夜间利用便携式风力发电机为其充电，但有时会使用类似拖拽伞的风筝。

2.7 智能汽车

智能汽车是指搭载先进的车载传感器、控制器、执行器等装置，并融合现代通信与网络技术，实现车与车、路、人、云等智能信息交换、共享，具备复杂环境感知、智能决策、协同控制等功能，可实现安全、高效、舒适、节能行驶，并最终实现替代人来操作的新一代汽车。

从技术发展路径来说，智能汽车分为 3 个发展方向：网联式智能汽车（CV）、自主式智能汽车（AV），以及前两者融合的智能网联汽车（ICV）。智能汽车、智能网联汽车与车联网等，其相互关系如图 2-46 所示。

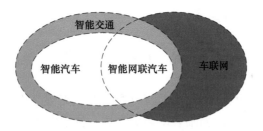

图 2-46 智能汽车关系图

网联式智能汽车（CV）与车辆及道路两侧设施通信，属于非自主式自动驾驶。智能网联汽车（ICV）结合了网联式和自主式智能汽车的技术。自主式智能汽车（AV）采用车载传感器，独立于其他车辆自动驾驶。智能网联汽车是新一轮科技革命背景下的新型产业，可以显著改善交通安全问题，实现节能减排，缓解交通拥堵，提高交通效率。

智能网联汽车（ICV）是一种跨技术、跨产业领域的新型汽车体系。从狭义上讲，智能网联汽车是搭载先进的传感器、控制器、执行器等装置，融合现代通信与网联技术，实现 V2X 智能信息共享，具备复杂环境感知、智能决策、协同控制和执行等功能，可实现安全、舒适、节能、高效行驶的新一代汽车。从广义上讲，智能网联汽车是以车辆为主体，融合现代通信和网络技术，使车辆与外部节点实现信息共享和协同控制，以达到车辆安全、有序、高效、节能行驶的新一代车辆系统。

无人驾驶汽车是通过车载环境感知系统感知道路环境、自动规划和识别行车路线并控制车辆达到预定目标的智能车辆。无人驾驶汽车是传感器、计算机、人工智能、无线通信、导航定位、模式识别、机器视觉、智能控制等多种先进技术融合的综合体。无人驾驶汽车是汽车智能化、网络化的终极发展目标，因此需要更加先进的环境感知能力、中央决策系统以及底层控制系统。

智能汽车通过车载传感系统感知道路环境、自动规划行车路线并控制车辆到达预定目标。

智能汽车由传感系统、决策系统、控制系统和执行系统组成。

（1）传感系统由摄像头、激光雷达、毫米波雷达、夜视传感器、GPS/BDS、4G/5G、V2X 组成。

（2）决策系统由道路识别、车辆识别、行人识别、交通标志识别、交通信号识别、驾驶员疲劳识别、决策分析与判断组成。

（3）控制系统分为车辆的纵向控制和横向控制，纵向控制为车辆的驱动控制和制动控制，横向控制为转向盘角度的调整以及轮胎力的控制。

（4）执行系统由制动与驱动控制、转向控制、挡位控制、协同控制、安全预警控制、人机交互控制组成。

2.8 可持续发展

翻开车轮的发展史，人类自己写下了辉煌的创新艰辛史。美国物理学家布赖恩·斯温说："我们的星球面临着诸多的麻烦：技术发明的后果是产生了 5 万枚核弹头；工业化经济导致了各大洲的生态灭绝；财富和服务的社会分配产生了 1 亿贫困的众生。"一个无可争辩的事实是人类正处于一个可怕的境地。

马克思、恩格斯指出："我们不要过分陶醉于我们对自然界的胜利。对于每一次这样的胜利，自然界都报复了我们。每一次胜利，在第一步都确实取得了我们预期的结果，但是在第二步和第三步却有了完全不同的、出乎意料的影响，常常把第一个结果又取消了。"

人类把自然看成是"死东西"，也只是从牛顿、笛卡尔时代开始后的几百年，到 20 世纪末，很多科学家又不得不承认自然是活的，所以人类并不是自然的主宰，而是自然的一个部分。教育专家黄钢汉先生认为：人类从自然中异化出来，在慢慢地脱离自然、背离自然；而可持续性发展观是长久之道，人们现在学习它，还算是亡羊补牢，否则人类很快会毁在自己的手里。可持续发展的核心是发展，但要求在严格控制人口、提高人口素质和保护环境、资源持续利用的前提下进行经济和社会的发展。

万事万物理同形不同，不可只一味追求眼前的利益，失去与自然的和谐。

发动机的实用化、装配生产线的推出、汽车遍及天下、动力的进一步发展及动力的科技化，使生活节奏、工作效率大大提高，缩短了人与人之间、国与国之间的距离，人类进入了汽车世界，进入了动力世界。

同一个地球，同一个梦想，实现地球的可持续性发展，是科技文明和精神文明的高度和谐的落实，希望地球村每一位公民都能提高节约能源意识、环境保护意识、保护生态平衡意识、安全生存意识等，正如蔡嗣经教授指出的：崇尚实践，培养创新意识，构建创新性和谐社会靠地球村每一位公民的安全环保意识。

"科技工程、人文工程、绿色工程"的综合工程理念是21世纪人类生存和发展的必然趋势，是人类物质文明发展到一定程度的必然结果。创新与和谐的有机结合是科技工作者应该重视的。

物有本末，事有始终。任何一项工程、一个项目、一项科技发明，它们的设计者、制造者、应用者、操作者，都是人类自身，技术的进步给人类带来物质的享受和生活的便利，但是也不乏给人类自身的生存带来威胁，因此人类应该警觉与重视环境问题。

 思 考 题

2-1 简述汽车发动机的发展趋势。

2-2 新能源动力从哪几方面实现？

2-3 汽车设计与制造中如何体现节能低耗？

3 汽车品牌史

人类工业革命的进程离不开汽车产业，下面介绍世界主要汽车生产企业以及品牌发展史。

3.1 德国汽车品牌史

德国目前三大汽车企业分别是梅赛德斯-奔驰公司、大众汽车公司、宝马汽车公司。德国主要有奔驰、宝马、大众、奥迪、保时捷五大品牌。

3.1.1 奔驰品牌

3.1.1.1 梅赛德斯-奔驰公司

大家都知道奔驰是当今汽车的著名品牌，奔驰为世界汽车发展做出了重大贡献，可谓一直推动着世界汽车的发展。

戴姆勒-奔驰公司即梅赛德斯-奔驰公司是当今汽车制造业的领头企业，是世界上最大的跨国集团，以优质豪华汽车闻名于世。

1887年卡尔·苯茨在曼海姆（Mannheim）建立了奔驰汽车公司，随后1890年戈特利布·戴姆勒在斯图加特成立戴姆勒汽车公司。

1901年，戴姆勒公司生产的以驻法国总进口商和奥地利的汽车经销商埃米尔·耶利内克女儿的名字命名为"梅赛德斯"的小轿车投产后，名声大振。

1926年，戴姆勒和奔驰合并，成立了在汽车史上举足轻重的戴姆勒-奔驰公司（Daimler-Benz），从此他们生产的所有汽车都命名为"梅赛德斯-奔驰（Mercedes-Benz）。梅赛德斯-奔驰公司一直被戴姆勒-奔驰集团控股。梅赛德斯-奔驰公司是一家德国汽车公司，也是世界十大汽车公司之一，以生产高质量、高性能的豪华汽车闻名于世。除了高档豪华轿车外，奔驰公司还是世界上最著名的大客车和重型载重汽车的生产厂家。梅赛德斯-奔驰现在在全球170个国家有售。

1998年5月，戴姆勒-奔驰公司以360亿美元的价格并购美国克莱斯勒汽车公司，公司更名为戴姆勒-克莱斯勒，位列全球第五大汽车巨头。

2007年5月14日，戴姆勒-克莱斯勒公司发表公报，公司更名为戴姆勒股份公司。

戴姆勒股份公司（Daimler AG）的总部位于德国斯图加特，该公司是全球最大的商用车制造商，全球第二大豪华车生产商、第二大卡车生产商。从1926年至今，该公司不追求汽车产量的扩大，只追求生产出高质量、高性能的高级别汽车产品。在世界十大汽车公司中，戴姆勒公司产量最少，不到100万辆，但它的利润和销售额却名列前五名。奔驰的最低级别汽车售价也在1.5万美元以上，而豪华汽车则在10万美元以上，中间车型也在4万美元左右。在中国香港市场，一辆奔驰500SL汽车，售价高达165万港币。

戴姆勒的载重汽车、专用汽车、大客车品种繁多，仅载重汽车就有110多种基本型，戴姆勒也是世界上最大的重型车生产厂家，其全轮驱动3850AS载重汽车最大功率可达368 kW，拖载能力达220 t，1984年戴姆勒公司投放市场的6.5~11 t新型载重汽车，采用空气制动、伺服转向器、电子防刹车抱死装置，使各大载重汽车公司震惊。戴姆勒的载重汽车见图3-1。

图3-1 戴姆勒的载重汽车

3.1.1.2 取得成绩

1900年至今，梅赛德斯-奔驰公司创造了许多个世界第一。这些世界第一分别是第一款增压汽车、第一款量产柴油轿车、第一款量产配备四冲程燃油喷射发动机的汽车、第一台五缸发动机、第一辆涡轮增压式柴油轿车等。

如图3-2、图3-3所示为奔驰博物馆展览的相关产品。展览的相关产品除了第一辆汽油发动机三轮汽车和奔驰一号汽车外，还有公司根据社会需要开拓的技

图3-2 最早研制的双缸卧式发动机

图3-3 早期的轨道汽车

术进步部分汽车发展品。如图 3-2 所示为最早研制的双缸卧式发动机，如图 3-3 所示为早期的轨道汽车，以适应城市的需要。奔驰汽车现有的车系有 A（小型车）、AMG（高性能版本如 SLR、SLS 等）、B（紧凑型旅行车）、BLK（紧凑型 SUV）、C（中型车）、CL、CLK（见图 3-4）、CLS（轿跑）、E（商务车）、G（越野型 SUV）、GL（大型 SUV）、GLK（中型 SUV）、M、ML（中大型 SUV）、R（旅行车）、S（豪华车）、SL、SLC、SLK（紧凑型轿跑）。

图 3-4　奔驰 CLK-GTR 汽车

3.1.1.3　中国合资企业

2010 年 5 月 27 日，德国汽车企业戴姆勒与中国汽车企业比亚迪合资，在深圳成立比亚迪·戴姆勒新技术有限公司，新公司注册资本 6 亿元人民币，双方各占一半股权。该研究技术中心在中国开发电动汽车，2013 年推出首款新能源汽车。比亚迪将提供电动车的核心技术。

新合资时代树立中国车企"技术输出"新典范。比亚迪汽车工业有限公司与德国合作伙伴戴姆勒大中华区投资有限公司签署了关于调整其合资公司深圳腾势新能源汽车有限公司架构的股权转让协议，2022 年完成双方在腾势的股权转让。

3.1.1.4　车标

最早的汽车标志出现在法国，1889 年法国人潘哈德和瓦莱尔取他们各自名字中的字母 P、L 组成了世界上最早的汽车标志。随着汽车产业的发展，汽车标志也被赋予了新的功用和内涵，它不仅代表了不同的汽车品牌，更浓缩了整个品牌的文化精髓，有的车标代表了汽车厂商的设计理念，有的代表了厂商的企业文化理念，有的代表了企业的发展历史。而在今天，汽车标志又有了新的使命，即品牌的潜在财富与无形资产。它形成了一个无形的产业链。

从最初仅仅起到识别作用的字母，到如今一个品牌甚至一个国家的象征，汽车标志在当今的汽车产业中扮演非常重要的角色。

戴姆勒-奔驰公司 1989 年设计的车标一直沿用至今，如图 3-5 所示为其车标演变史。

1902年 1909年 1909年 1916年 1926年

Mercedes-Benz

1933年   1989年至今沿用   立体处理

图 3-5 车标演变史

1902 年，以实用理念为原则，形式服从功能，简单的椭圆形加上梅赛德斯英文排列。

1902 年 6 月 23 日将"MERCEDES"（梅赛德斯）这个人名注册为商标的申请得到批复，从此开启了梅赛德斯的时代。

1909 年 6 月戈特利普·戴姆勒为三叉星标志申请专利权，三叉星象征着该汽车公司向海陆空三个方向发展。

同在 1909 年，又出现了一个圆形徽章奔驰的标志，最初是 BENZ 外加月桂花枝环绕。

1916 年，戴姆勒公司（DMG）又注册了一个新版本的三叉星标志，这个标志在原有的三叉星标志基础上加上了一个圆形外圈，并在圆环底部加入"MERCEDES"字样，同时在圆环的其余空白位置分别加入四颗小的三叉星，其用意仅仅是为了填补商标上的空白位置。"梅赛德斯"在西班牙语中有幸运的含义，是幸福的意思，意为戴姆勒生产的汽车将为车主带来幸福。从该标志的整体样式上来看，这枚新版的梅赛德斯标志也是日后的梅赛德斯-奔驰标志的雏形。

1926 年，戴姆勒与奔驰合并，新版标志在样式以及内容上都完美地融合了两家公司合并前各自标志中的元素，在保留了梅赛德斯标志中的圆形和三叉星设计的前提下，又在三叉星外面的圆边框中加入了来自奔驰公司标志的月桂花环元素，"MERCEDES"和"BENZ"的英文字母也被分别置于圆边框的上下端。而随着这两家历史最悠久的汽车生产商的合并，厂方再次为商标申请专利权，此圆环中的三叉星标志后来逐渐演变成如今的图案。

1933 年，梅赛德斯-奔驰公司设计出了一款简化版标志，这款标志上没有任何文字，只是简单保留了三叉星外加一个圆圈，而这个标志中的三叉星明显比之前的要修长很多。同时将黑色的三叉星换成具有金属质感的三叉星，表现出梅赛德斯-奔驰与时俱进的时尚简约风格，体现出梅赛德斯-奔驰注重品质的传统。

1989年，这家公司顺应简约设计的潮流，对该标志又进行了一次立体化处理，样式不变，从那之后该标志就一直沿用到了今天。简化为形似方向盘的三叉星，喻示着向海陆空三方面发展的决心，也代表着该公司不断改革开拓的汽车工业发展史。该标志成为世界十大著名的商标之一。

除了前面所提到的梅赛德斯-奔驰标志之外，很多奔驰车车头还有一种立标形式的标志，这种标志底座的样式与1926年版标志的圆形边框样式一样（有图案的版本仅限20世纪90年代车型使用，在那之前与2005年之后的立标都取消了底座里面的图案），而边框中心，则是作为底座被用来放置独立的三叉星加一个圆圈的立标。这枚立标被设计出来之后没有经过修改并且沿用至今。

梅赛德斯-奔驰一直是国际大品牌。闪闪发亮的三叉星标志背后，奔驰与戴姆勒两家公司都走过了百年时间长廊，经受住了期间的种种考验，成为了今天汽车界中首屈一指的品牌。梅赛德斯-奔驰之所以能有今天这样的成就，绝对不是因为奔驰发明了全世界公认的第一辆汽车这么简单，更多的是其对产品品质的坚持，这是秉持的百年承诺，更是三叉星标志的真正内涵。

3.1.2　宝马品牌

3.1.2.1　宝马汽车公司

宝马即BMW（Bayerische Motoren Werke），全称是巴伐利亚汽车制造厂。

1916年3月工程师卡尔·拉普和马克斯·佛里茨在慕尼黑创建巴依尔飞机公司，1917年改为巴依尔发动机有限公司，该公司第一个成功的产品是由费兹设计的直列六缸发动机，在第一次世界大战时装配在德国战斗机上。1918年8月改名为宝马汽车公司。

1922年，BMW自主研制了第一台摩托车发动机。之后重新制造了一台500 mL风冷水平对置的两汽缸摩托车发动机，装配在R-32摩托车上。

宝马汽车公司以生产宝马跑车、摩托车为主，其产品享誉全球。BMW今天已成为全球豪华级高级轿车领域王牌公司之一，德国双B（Benz和BMW）之名全球皆知。

1994年4月，宝马公司在北京设立了代表处。该公司和华晨汽车公司合作，在中国生产宝马轿车。

3.1.2.2　宝马汽车公司品牌

目前，宝马汽车公司拥有MINI、劳斯莱斯等品牌。

宝马汽车公司主要生产3系列、5系列、7系列、Z3系列、Z4系列、8系列、阿尔宾娜（Alplna）等车型。

宝马汽车公司在 10 多个国家和地区设有子公司。如图 3-6 所示为宝马车型，如图 3-7 所示为宝马 BMW。宝马 BMW Active Hybrid 高效混合动力 7 系以及 X6 对中国整车提供 5 年或 10 万公里的质量保证。

图 3-6　宝马车型　　　　　　　图 3-7　宝马 BMW

3.1.2.3　宝马轿车车标

宝马轿车车标及车的三大特点：

（1）由于宝马公司是以生产航空发动机开始创业的，所以宝马公司标志中的蓝色为天空，白色为螺旋桨（见图 3-8）。

（2）宝马汽车的散热器（前脸）中间永远是两个合金框进气格栅。

（3）宝马车标选用了内外双圆圈的图形，并在内环的上方标有"BMW"字样，这是公司全称 3 个词的首字母缩写。内圆的圆形蓝白间隔图案，表示蓝天、白云和运转不停的螺旋桨，象征该公司在航空发动机技术方面的领先地位，又象征该公司一贯的宗旨和目标，即以先进的科学技术、最新的理念，满足顾客的最大愿望，反映了该公司蓬勃向上的气势和日新月异的面貌。

图 3-8　宝马标志

宝马汽车除了独特的商标外，其外形显示出活泼而又高贵的个性，同时超凡的操控性能更令驾驶者惊叹。

3.1.3　大众品牌

3.1.3.1　大众汽车公司

大众汽车公司是世界十大汽车公司之一，创建于 1938 年德国的沃尔斯堡，创始人是世界著名的汽车设计大师费迪南·保时捷（Ferdinand Porsche，1875—1952 年），也译成费迪南·波尔舍，同时他也是保时捷汽车公司的创始人。

1934 年 1 月 17 日，费迪南·保时捷向德国政府提出一份为大众设计生产汽车的建议书。大众（德文 Volks Wagenwerk）汽车顾名思义是为大众生产的汽车。

大众汽车公司是一个在全世界许多国家都有汽车生产的跨国汽车集团。2002 年在《财富》世界 500 强中排名第 21 位。大众汽车公司在全世界有 13 家子公司，海外有 7 个销售公司，23 个其他公司。德国国内子公司主要是大众和奥迪公司，整个汽车集团年产销能力在 300 万辆左右。

大众汽车集团是世界最具有实力的跨国集团，该集团目前拥有 7 大著名汽车品牌：大众汽车（德国）、奥迪（德国）、兰博基尼（意大利）、宾利（英国）、布加迪（法国）、西亚特（西班牙）、斯柯达（捷克）。大众在全世界有 13 家生产型子公司。

从 1984 年起，大众汽车开始进入中国市场。目前大众在中国全国范围内已拥有 14 家企业，除了生产轿车外，还向消费者和行业提供零部件和服务。

大众在汽车领域和我国合作最成功的品牌有桑塔纳、捷达、帕萨特，在我国中档汽车市场中的地位举足轻重。

3.1.3.2　车标

由字母 V 和 W 组成，而 V 和 W 也是德文大众 Volks Wagenwerk 的两个首字母，V 又代表了胜利。首字母 V 和 W 叠合后，再镶嵌在一个大圆圈内，然后把整个商标镶嵌在发动机散热器格栅中间。

图形商标似三个"V"字（见图 3-9），像是用中指和食指做出的 V 形，表示大众公司及其产品"必胜—必胜—必胜"，体现了大众公司对其品牌美好的愿望和信心。文字商标则标示在车尾的行李舱盖上，以注明该车的名称。

　1939年使用　　　　　　　二战前　　　　　　　二战后 British 设计

图 3-9　大众标志

3.1.4　奥迪品牌

3.1.4.1　奥迪汽车公司

奥迪是一个国际著名豪华汽车品牌。其代表的高技术水平、质量标准、创新能力以及经典车型款式让奥迪成为世界最成功的汽车品牌之一。该公司总部设在德国因戈尔施塔特。

奥迪这个名字可以追溯到 19 世纪晚期，1899 年，汽车制造天才奥古斯特·

霍尔茨（August Horch，1868—1951 年）开创了奥迪的历史。他于 1902 年正式成立霍尔茨汽车公司（Horch AG），从而成为德国东部汽车制造业百年历史的缔造者。

1910 年，霍尔茨创办了第二家霍尔茨汽车公司，但却遭原公司的控告要求更名，从此以后霍尔茨将公司名称由德文"Horch"改为拉丁文"Audi"，开创了奥迪的历史，推出了各款汽车。

"一战"以后，奥迪首创汽车方向盘左置技术，并将换挡杆移至汽车中部，使得驾驶更为方便。从此，奥迪在众多汽车品牌中脱颖而出。

1932 年，由奥迪公司（1910 年创建）、DKW 公司（1916 年创建）、汪德勒公司（1911 年创建）和霍尔茨公司（1902 年创建）合并成汽车联合公司。1969 年，奥迪汽车公司由汽车联合公司和纳苏发动机股份公司合并而成，主要生产小轿车、发动机和三角转子发动机。

1969 年进入美国市场。奥迪汽车也是中国引进的第一种高档轿车。该公司最知名的产品为 quattro 四轮驱动轿车，大约 85％的 quattro 汽车是在美国销售的。如图 3-10 所示为 2010 广州车展奥迪霍希车。

图 3-10　2010 广州车展奥迪霍希车

3.1.4.2　奥迪车标

奥迪汽车公司生产的奥迪（Audi）轿车的标志是 4 个连接在一起的圆环（见图 3-11），4 个圆环表示当初是由霍尔茨、奥迪、DKW 和汪德勒 4 家公司合并而成的，意为 4 个公司的联合。从标志仿佛看到兄弟四人正手挽着手、雄赳赳地向前走来，表明团结就是力量。4 个相同的紧扣着的圆环，象征了该公司向往的平等、互利、协作的亲密关系和奋发向上的敬业精神。

图 3-11　奥迪标志

每辆奥迪汽车的散热器前面和车尾都镶有奥迪公司 4 个圆环相互连接的图形

标志。1985 年又在车尾使用文字商标"Audi"。

3.1.4.3　奥迪轿车的型号

奥迪汽车公司生产的车型有卡特罗、奥迪 A4、奥迪 A6L、奥迪 A8 等。奥迪轿车和 MPV 的型号是用公司英文 Audi 的首字母 A 打头，数字越大表示价格越高。A2 系列是小型旅行车。A3 3-Door 系列是小型旅行车，如图 3-12 所示为奥迪 A3 e-tron 混合动力汽车。A4 系列是运动轿车。A4 Avant 系列是中型旅行车。A4 Cabriolet 系列是敞篷车。A5 系列是跑车。A6、A6L 系列是公务轿车。A6 Avant 系列是大型旅行车。A6 allroad quattro 系列是全地形旅行车。A8、A8L 系列是大型公务轿车。

图 3-12　奥迪 A3 e-tron 混合动力汽车

除了以 A 打头的轿车外，奥迪还有 S 打头的运动车，如 S3、S4、S4 Avant、S4 Cabriolet、S5、S6、S6 Avant、S8；RS 打头的高性能运动车，如 RS4、RS4 Cabriolet、RS6、RS6 Plus；Q 打头的越野车，如 Q7；TT 打头的跑车，如 TT Coupe、TT Roadster；R 打头的跑车，如 R8（Le Mans 概念车的量产跑车）、R10、RS e-tron GT。

3.1.5　保时捷品牌

3.1.5.1　保时捷公司

保时捷公司于 1897 年推出了世界上第一辆装配电子点火发动机的汽车。1931 年，费迪南·保时捷（Ferdinand Porsche）先生为保时捷公司争取到了生产汽车的资格，1948 年第一辆用保时捷命名的 356 Roadsters 型汽车问世，之后 10 年就销售了 25000 辆，1963 年保时捷公司又推出了保时捷 time-honored 911 型汽车，在北美得到消费者的广泛青睐。

保时捷研究设计发展股份公司（保时捷公司）是德国颇有影响力的汽车研究设计发展公司，它接受国内外汽车设计和研究业务。

3.1.5.2　保时捷车标

保时捷的文字商标采用保时捷公司创始人费迪南
的姓氏。保时捷图形商标采用斯图加特市的盾形市
徽（见图 3-13）。

图 3-13　保时捷图形商标

1948 年，第一台以保时捷命名的跑车问世。从
此，保时捷以高超的技术和优雅的造型艺术，在跑车
市场占有一席之地。"PORSCHE" 商标标注在发动机
盖上方最显眼的位置，表明该商标为保时捷所有；
"STUTTGART" 字样说明该公司总部在斯图加特市；
商标中间是一匹骏马，表示斯图加特市盛产一种名贵
马，这种马早在 16 世纪就非常有名了；商标的左上方和右下方是鹿角的图案，
表示斯图加特市曾是狩猎的好地方；商标右上方和左下方的黄色条纹代表成熟的
麦子，寓意五谷丰登；商标中的黑色代表肥沃的土地；商标上的红色象征人类的
智慧和对大自然的钟爱。该商标象征保时捷辉煌的过去和美好的未来。

保时捷公司生产的车型有博克斯特（Boxster）、911 系列轿车以及保时捷
SUV 系列汽车。

3.2　美国汽车品牌史

美国的三大公司——通用、福特和克莱斯勒是梦幻汽车的"三大巨人"。

3.2.1　通用汽车公司

3.2.1.1　通用汽车公司概述

通用汽车公司（GM）成立于 1908 年 9 月 16 日，自威廉·克瑞普·杜兰
特（William Crapo Durant，1861—1947 年）建立了美国通用汽车公司以来，先后
联合或兼并了别克、凯迪拉克、雪佛兰、奥兹莫比尔、庞蒂克、克尔维特、悍马
等公司，拥有铃木公司 3%的股份。现总部仍设在美国的汽车城底特律。

从 1927 年以来，通用汽车公司一直是全世界最大的汽车公司之一。在美国
最大 500 家企业中居首位，在世界最大工业企业中位居第二。它在美国及世界各
地雇员达 80 万人，分布在世界上 40 个国家和地区，通用汽车公司每年的汽车总
产量达 900 万辆。

通用汽车公司有 7 个分部和 3 个子公司生产轿车。该公司是美国最早实行股
份制和专家集团管理的特大型企业之一。

2009 年 6 月 1 日当地时间 8 点，根据美国《破产法》第 11 章，通用汽车公
司正式向纽约破产法院递交破产申请。

成立于 1908 年的通用汽车公司将成为依美国《破产法》申请破产的美国第三大企业、第一大制造业企业，也是破产涉及员工人数第二大企业。同时，这也是美国汽车业继克莱斯勒申请破产保护后，又一全球汽车业巨头破产。

美国通用汽车公司申请破产保护一年半之后完成了改革和精简，新公司上市，股票大幅上涨，这对于曾经需要美国政府和其他国家政府提供 500 亿美元的紧急贷款才能渡过经济下滑和自身失误造成的危急的通用汽车公司来说，是一个巨大的转机。

3.2.1.2 标志

标志 GM 取自其英文名称 General Motro Corporation 前两个单词的首字母。

3.2.1.3 美国通用旗下品牌

通用汽车公司与菲亚特、铃木、五十铃、富士重工一汽公司结成合作伙伴关系。通用汽车公司有通用悍马、别克、雪佛兰、庞蒂克、凯迪拉克、欧宝、绅宝、富士重工、土星、奥兹莫比尔等品牌。

通用汽车公司生产的汽车突出地表现了美国汽车豪华、宽大、内部舒适、速度快、储备功率大等特点，而且通用汽车公司尤其重视质量和新技术的采用，因而通用汽车公司的产品在用户中享有盛誉。

3.2.2 福特汽车公司

3.2.2.1 福特汽车公司概述

福特汽车公司由亨利·福特（Henry Ford，1863—1947 年）创立于 1903 年，是世界上最大的汽车制造商之一。

时至今日，福特汽车公司仍然是世界一流的汽车企业，仍然坚守着亨利·福特先生开创的企业理念："消费者是我们工作的中心所在，我们在工作中必须时刻想着我们的消费者，提供比竞争对手更好的产品和服务。"

3.2.2.2 标志

福特汽车公司 1903 年由亨利·福特先生创立于美国底特律市。现在的福特汽车公司是世界上超级跨国公司，总部设在美国密歇根州迪尔伯恩市。

福特汽车标志采用英文 "Ford" 字样，蓝底白字，代表进无止境。由于亨利·福特喜欢小动物，所以标志设计者把福特的英文画成一只小白兔样子的图案。如图 3-14 所示为福特图标，如图 3-15 所示为福特图标设计发展史。

图 3-14　福特图标

1908 年，福特汽车公司生产出世界上第一辆属于普通百姓的 T 型汽车，世界汽车工业革命就此开始。

1913 年，福特汽车公司又开发出了世界上第一条流水线，这一创举使 T 型

1806年　　　　　　　　　　1903年　　　　　　　　　　1909年

图 3-15　福特图标设计发展史

车一共生产了 1500 万辆，缔造了一个至今仍未被打破的世界纪录。福特先生因此被尊为"为世界装上轮子"的人。

福特汽车公司是世界上第四大工业企业和全球第二大轿车及卡车制造商。

1995 年，福特汽车公司与江西省南昌市的江铃汽车合资。

福特汽车（中国）有限公司成立于 1995 年 10 月 25 日。随后福特汽车公司拥有位于江西省南昌市的江铃汽车股份有限公司 30% 的股份。作为上市公司，江铃汽车股份有限公司于 1997 年底成功推出了全顺（Transit）商用汽车。到目前为止，已成功地推出了多达 13 种商务车型。

2001 年 4 月 25 日，福特汽车公司和长安汽车集团共同初期投资 9800 万美元成立了长安福特汽车有限公司，双方各拥有 50% 的股份，专业生产满足中国消费者需求的轿车。目前，已经成功推出了福克斯和蒙迪欧等几款轿车。

福特汽车公司旗下的汽车品牌有阿斯顿·马丁（Aston Martin）、福特（Ford）、林肯（Lincoln）、马自达（Mazda）、水星（Mercury）、捷豹（Jaguar）、路虎（Land Rover）和福特野马（Mustang）等。此外，还拥有世界最大的汽车信贷企业——福特信贷（Ford Credit）以及汽车服务品牌（Quality Care）。

3.2.2.3　福特旗下产品标志

如图 3-16 所示为部分福特旗下产品标志。

3.2.3　克莱斯勒汽车公司

3.2.3.1　克莱斯勒汽车公司概述

克莱斯勒汽车公司是美国第三大汽车工业公司，创立于 1925 年，创始人为沃尔特·克莱斯勒（Walter Chrysler，1875—1940 年）。该公司在全世界许多国家设有子公司，是一个跨国汽车公司。公司总部设在美国底特律市。

1924 年，沃尔特·克莱斯勒离开通用汽车公司进入威廉斯·欧夫兰公司，开始生产克莱斯勒牌汽车。

ASTON MARTIN
阿斯顿·马丁

LINCOLN
林肯

水星 (Mercury)

马自达 (Mazda)

图 3-16　福特旗下产品标志

1925 年，他买下破产的马克斯维尔公司组建自己的公司。凭借自身的技术和财力，他先后买下道奇、布立格和普利茅斯公司，使克莱斯勒公司逐渐发展成美国第三大汽车公司。

随着经营的扩大，克莱斯勒汽车公司开始向海外扩张，先后在澳大利亚、法国、英国、巴西建厂并收购当地汽车公司股权，购买了意大利的玛莎拉蒂公司和兰博基尼公司，从而成为一个跨国汽车公司。

在 20 世纪 30 年代的黄金时期，克莱斯勒汽车公司曾一度超过福特公司。20世纪 70 年代，克莱斯勒汽车公司因管理不善濒临倒闭，由著名企业家李·雅柯卡接管了该公司。雅柯卡上任后大胆起用新人，裁减员工，争取政府资助，并把主要精力投入市场调研和产品开发上，而且在产品广告上出奇制胜。在 20 世纪80 年代初，克莱斯勒汽车公司又奇迹般地活了过来，继续排在世界汽车公司前五名之列。

2009 年 4 月 30 日，美国总统奥巴马宣布了克莱斯勒汽车公司将于美国时间4 月 30 日（周四）正式破产，意大利汽车制造商菲亚特完成了对克莱斯勒汽车公司资产的收购交易，将组建全球第六大汽车制造公司。

3.2.3.2　车标

克莱斯勒汽车车标如图 3-17 所示。克莱斯勒汽车公司拥有道奇、顺风、克莱斯勒以及道奇载重车等。1998 年底，克莱斯勒汽车公司和奔驰公司宣布合并，形成世界上又一大汽车集团。目

图 3-17　克莱斯勒汽车车标

前，它和奔驰公司共同拥有奔驰、克莱斯勒、吉普、三菱、迈巴赫等品牌。

3.3 瑞典汽车品牌史

3.3.1 沃尔沃汽车公司

3.3.1.1 沃尔沃汽车公司概述

沃尔沃汽车公司创立于1924年，创始人是古斯塔夫·拉尔松和阿萨尔·加布里尔松。沃尔沃汽车公司是北欧最大的汽车企业，也是瑞典最大的工业企业集团，是世界20大汽车公司之一。

沃尔沃是瑞典著名汽车品牌，原沃尔沃集团下属汽车品牌，又译为富豪。

沃尔沃汽车公司生产的每款沃尔沃轿车，都体现出北欧人的品质，给人以朴实无华和富有棱角的印象，不失冷峻。

沃尔沃汽车以质量和性能优异在北欧享有很高声誉，特别是安全系统方面，沃尔沃汽车公司更有其独到之处。

1959年，沃尔沃工程师尼尔斯·博林发明汽车三点式安全带，沃尔沃汽车公司成为全球首个把三点式安全带作为标准配置的汽车厂商。安全带的发明迄今为止拯救了超过100万人的生命，美国公路损失资料研究所曾评比过十款最安全的汽车，沃尔沃荣登榜首。到1937年，该公司汽车年产量已达1万辆。随后，其业务逐渐向生产资料和生活资料能源产品等多领域发展，一跃成为北欧最大的公司。1991年，沃尔沃首推侧撞保护系统（SIPS）；1966年，沃尔沃144被评为"全球最安全车型"；1998年，发明了头颈部安全保护系统（WHIPS）；1999年，推出内部空气质量系统（IAQS），净化车内空气。

沃尔沃汽车公司旗下有商用车部、载重车部、大客车部、零部件部、汽车销售部和小客车子公司等。沃尔沃汽车公司的产品包罗万象，但主要产品仍然是汽车。沃尔沃汽车公司除了大客车、各种载货车在北欧占重要地位外，它的小客车在全世界也很有名。沃尔沃小客车以造型简洁、内饰豪华、驾驶舒适而闻名。沃尔沃740、760、940、960小汽车，已出口到100多个国家和地区。1964年，沃尔沃产量突破100万辆。

1974年落成的世界上独一无二的人性化车辆工厂，即沃尔沃汽车公司的卡尔玛厂，它位于瑞典哥德堡，布局像一个三叶草图案，沿着三叶草的边缘有25个工作站，每个站负责一部分汽车装配工序，汽车在微机控制下的自动输送装置上绕草叶蜿蜒运行，当走完这25个工作站时，就生产出一辆漂亮的汽车。

1972年联合国全球环境会议在斯德哥尔摩举行，沃尔沃提出了汽车在社会中的关键作用，发表环保宣言，是汽车行业第一个提出环保理念的厂商。

1976年，沃尔沃成为全球第一个使用催化式排气净化器和氧气传感器的汽车厂商，带有氧气传感器的三元催化转化器将有害废气排放降低了90%。

3.3.1.2 车标

沃尔沃车标由图标和文字两部分组成，如图 3-18
所示。图标是外圆车轮形状，并有指向右上方的箭头。
文字"VOLVO"为拉丁语，是滚滚向前的意思，寓意
沃尔沃汽车的车轮滚滚向前和公司兴旺发达、前途
无量。

1915 年 6 月，"VOLVO"名称首先出现在 SKF 一
款滚珠轴承上，并正式在瑞典皇家专利与商标注册局
注册成为商标。从那一天起，SKF 公司出品的每一组
汽车用滚珠与滚子轴承侧面，都打上了全新的 VOLVO 标志。

图 3-18 沃尔沃车标

车标中的圆圈别有一番深意，这样一个简单的标识，寓意很丰富。右上角带
有箭头的圆圈是铁元素的古老化学符号，在这里便代表了钢铁工业与汽车工业，
而在古希腊神话中它又是战争神玛尔斯的象征，代表着正义、力量与安全。同时
它又是古罗马帝国中一个最为常见、用途最广的标识，分别代表着火星、罗马战
神与男性阳刚之气。沃尔沃之所以在汽车上采用代表铁元素的品牌标识，一方面
是由于其阳刚、安全、富有力量感的品牌形象，另一方面是想让人们联想到瑞典
有着光辉传统的钢铁工业，以及寓意企业钢铁般坚强的意志。

另外，在散热器上设置了从左上方向右下方倾斜的一条对角线彩带，这条彩
带的设置原本出于技术上的考虑，用来将玛尔斯符号固定在格栅上，后来就逐步
演变成为一个装饰性符号而成为沃尔沃轿车最为明显的标志。

在 1927 年制造成功的首辆汽车上，完整地显示了该公司的全部标志。此车
标自第一辆沃尔沃轿车开始一直沿用至今，成为沃尔沃轿车与众不同的明显标
志。此外，在沃尔沃转向盘的中心也可以看到代表铁元素的符号。

3.3.1.3 产业布局

沃尔沃是一个很大的集团，该集团不但生产轿车和载货汽车，还生产工程和
农用车辆、飞机及船用发动机等，在北欧是最大的企业集团。1979 年，该集团
将轿车制造部分独立，命名为沃尔沃汽车公司（Volvo Car Corporation）。1999 年
初，该公司被美国福特汽车公司买下。

沃尔沃轿车，一般来说属于中高档车，其 960 系列轿车在美国市场上属于豪
华轿车。1947 年，沃尔沃汽车公司推出 PV144，用 1.414 L、顶置气门、4 缸机，
车身采用整体结构，该车出口到美国，在美国汽车市场上获得了一席之地。

目前沃尔沃在比利时、荷兰、加拿大、澳大利亚、马来西亚、泰国、日本都
设有轿车组装厂，在巴西、秘鲁、美国设有载货汽车和客车组装厂。

沃尔沃和日本富士重工合作生产中置发动机的旅游客车，和美国通用汽车公
司合资组建沃尔沃通用重型载货汽车公司。沃尔沃和日本三菱在荷兰有一个合资

企业，生产 MMC 和沃尔沃轿车。

沃尔沃和雷诺在泰国的瑞典组装有限公司 Thai-Swedish Assembly Co. Ltd 合作装配沃尔沃和雷诺轿车以及切诺基。

浙江吉利控股集团在 2010 年 3 月 28 日签署股权收购协议，以 18 亿美元的价格收购了沃尔沃轿车公司，收购资金来自吉利控股集团、中资机构以及国际资本市场。

3.3.2 斯堪尼亚有限公司

斯堪尼亚（Scania）是瑞典的货车及巴士制造厂商之一，是全球知名的汽车制造商，于 1900 年在瑞典南部的马尔默成立。

1911 年，斯堪尼亚与汽车及货车制造厂商瓦比斯（Vabis）合并，组成斯堪尼亚-瓦比斯（AB Scania-Vabis）。

1969 年，斯堪尼亚-瓦比斯与萨博（Saab 绅宝汽车）合并成立萨博-斯堪尼亚有限公司（Saab-Scania AB）。该集团于 1995 年拆分，萨博生产汽车，而斯堪尼亚则生产货车、巴士及客车等重型车辆。1995 年 5 月，斯堪尼亚再次成为一家独立的公司，总部位于瑞典首都斯德哥尔摩，现在斯堪尼亚在全球陆续推出其更新换代的全新重型卡车系列。P、G、R 系列是斯堪尼亚 116 年历史中最好的产品，现在斯堪尼亚于瑞典以外地区包括荷兰、阿根廷及巴西均设有生产线。

3.3.3 萨博公司

3.3.3.1 萨博公司概述

萨博（Saab），也译作绅宝，是荷兰世爵汽车旗下的著名汽车品牌。

萨博（全称为 Svenska Aeroplan Aktiebolaget，即瑞典飞机公司）最初是一家军用飞机制造公司。后来瑞典飞机有限公司合并了只生产载货汽车的斯堪尼亚公司，成为一家生产轿车、卡车、飞机、计算机等产品的综合性集团公司。

瑞典萨博汽车公司脱胎于飞机制造企业，并于 1947 年推出了首部具有领先科技水平的 SAAB92 型轿车。2011 年 12 月，萨博正式向瑞典法院递交破产申请，同年 12 月 20 日，瑞典地方法院批准了萨博的破产申请。现其已被中日电动车联盟收购。

萨博将其制造飞机的技术和经验运用于汽车生产，因此萨博在汽车制造业颇与众不同。利用集团的优势，萨博把卡车、飞机技术融为一体，生产了具有赛车性能的萨博轿车。

2000 年，通用汽车公司完全收购萨博汽车公司，并于当年 8 月启用了新商标。

2010 年，荷兰跑车制造商世爵收购萨博，从此萨博品牌进入一个新纪元。

面对中国日趋多元化的高档汽车市场，萨博向中国消费者诠释了其与众不同的特色。

萨博率先将飞机的涡轮增压技术运用到汽车上，成为汽车行业涡轮增压技术的领导者，也是唯一全系列产品都采用涡轮增压技术的品牌。

作为全球汽车安全领域的领导者，萨博是全球唯一所有车型达到欧洲新车安全评鉴协会（Euro NCAP）五星安全标准的汽车品牌，它具有出色的交互作用的安全系统，可最大限度保护车内人员的安全。

3.3.3.2　车标

车标正中是一个戴王冠的狮子头像，如图 3-19 所示，王冠象征着高贵，狮子则为欧洲人崇尚的权利象征。半鹰、半狮的怪兽图案象征着警觉，这是瑞典南部两个县流行的一种图案，而萨博汽车和航行器的生产就起源在那。

图 3-19　萨博车标

独特的航空背景引导了萨博"以驾驶感受为核心"的理念，萨博更加关注使驾驶者通过车辆卓越的操控性能，体验到"人车合一"的非凡感受。萨博也因此成为世界汽车领域最具有个性的高档轿车之一，深得高端人士青睐。

3.4　法国汽车品牌史

3.4.1　标致-雪铁龙集团

标致-雪铁龙集团是法国第一大汽车生产集团，是世界著名汽车公司。该公司是由标致汽车公司、雪铁龙汽车公司、塔尔伯特汽车公司于 1976 年合并而成的。1890 年，法国人阿尔芒·标致（Armand Peugeot，1889—1928 年）创立了标致汽车公司。

标致汽车公司采用所在省蒙贝利亚尔省徽"狮子"作为标志，也是汽车厂的商标，寓意标致汽车永远保持旺盛的生命力。该狮子标志非常别致，线条简洁、明快。独特的造型，既突出力量又强调了节奏，更富有时代气息。

标致汽车公司生产的所有车型都用公司的标志作为车标，该公司生产的主要车型有标致 306st、标致 106、标致 406（在 1996 年获得欧洲最佳车第一名）、标致 450、标致 505、标致 206、标致 307 等。

雪铁龙汽车公司以创始人安德烈·雪铁龙的姓氏命名，是标致-雪铁龙集团的重要成员。雪铁龙汽车公司以两个人字齿轮重叠的两对齿作为公司标志和汽车商标，以纪念安德烈·雪铁龙于 1912 年发明了人字齿轮。

目前，雪铁龙汽车公司在 10 多个国家设有子公司。雪铁龙汽车公司的经典车型有 ZCV、DS、SM、CX、XM 系列，以及萨克索（Saxo）、桑蒂雅（Xantia）等。1995 年，雪铁龙汽车公司与中国东风汽车公司合作成立神龙汽车有限公司，生产富康牌轿车。

3.4.2 雷诺汽车公司

雷诺汽车公司是世界十大汽车公司之一，法国第二大汽车公司，创立于 1898 年，创始人是路易·雷诺（Louis Renault，1877—1944 年）。而今的雷诺汽车公司已被收为国有，是法国最大的国有企业，也是世界上以生产各型汽车为主，涉足发动机、农业机械、自动化设备、机床、电子、塑料、橡胶业的工业集团。

雷诺公司第一次大发展是在第一次世界大战期间，它为军队生产枪支弹药、飞机并设计出轻型坦克，使雷诺公司积累了资金。战争结束后，公司转向农业机械和重型柴油汽车生产，其柴油机技术处于世界领先地位，第二次世界大战期间，雷诺公司为德国军队提供大量坦克、飞机发动机和其他武器。因而战争结束后，雷诺公司被法国政府接管，路易·雷诺被捕入狱。战后，在法国政府的支持下，雷诺公司得以进入第二次大发展时期。公司利用国家资本，兼并了许多小汽车公司，并发挥了雷诺公司的技术潜力，开发出多种汽车新产品。

雷诺汽车公司的汽车产品十分齐全，除小客车和载货车外，各种改装车、特种车应有尽有，在十大汽车公司中独此一家。雷诺公司下分小客车、商用车、自动化设备以及工业产品四个分部，统管国内外所有子公司。雷诺汽车公司的经典车型有雷诺 Cilo、雷诺 19、雷诺 25 等。目前，雷诺汽车公司拥有雷诺、日产等品牌。

3.5 意大利汽车品牌史

3.5.1 菲亚特汽车公司

菲亚特汽车公司的总部在都灵，该公司是意大利最大的集团公司，也是世界著名的汽车制造公司之一。该公司的组织结构十分庞大，其所属 700 多家公司和几万个销售网点遍布全世界。菲亚特汽车公司是一个国际性公司，在近 10 个国家设厂，有多个国家购买其生产许可证。

菲亚特汽车公司的年收益为意大利国民生产总值的 40% 左右，菲亚特汽车公司结构复杂、实力强大。

菲亚特汽车公司主要由 11 个部门组成，即小客车部、商用和工业车辆部、农业拖拉机部、建筑机械部、钢铁部、零部件部、机床和生产系统部、土木工程和土地利用部、能源部、铁道车辆和轨道运输系统部、旅游和运输部。

　　菲亚特汽车公司的标志几经变化，目前生产的汽车都用圆形"FIAT"标志或条型"FIAT"标志，见图3-20，用三位阿拉伯数字表示其型号。

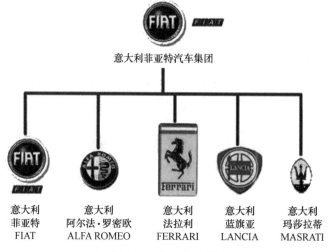

意大利菲亚特汽车集团

意大利	意大利	意大利	意大利	意大利
菲亚特	阿尔法·罗密欧	法拉利	蓝旗亚	玛莎拉蒂
FIAT	ALFA ROMEO	FERRARI	LANCIA	MASRATI

图 3-20　菲亚特车标

　　菲亚特汽车公司的经典车型有节奏（Ritmo）、米拉费欧丽（Mirafiori）、道路（Strada）、田野（Campagnola）、快意（Punto）、布拉旺（Bravo）、马利昂（Marea）、小帆船（Barchetta）、熊猫（Panda）、布拉娃（Brava）、优利赛（Uiysse）、乌诺（Uno）、杜娜旅行车（Duna Weekend）、派力奥（Palio）等。

3.5.2　阿尔法·罗密欧汽车公司

　　阿尔法·罗密欧汽车公司是意大利第二大汽车公司，于1910年在米兰创建，20世纪80年代末被菲亚特汽车公司兼并，这个奄奄一息的公司得以重放异彩。阿尔法·罗密欧汽车公司主要生产小客车、赛车、载货车，并在国外设有子公司。

　　阿尔法·罗密欧公司的标志是米兰市的市徽，也是中世纪米兰的领主维斯康泰公爵的家徽。标志中的十字部分来源于十字军从米兰向外远征的故事。右边部分是原米兰大公的徽章，关于其中的蛇形图案有种种传说，比较可信的说法是维斯康泰的祖先曾经击退了使城市人民遭受苦难的"恶龙"。外环圈的上半部则标注有该公司的字样。

　　"ALFA ROMEO"从1911年开始被用于阿尔法·罗密欧公司所生产的汽车。阿尔法·罗密欧公司的经典车型有阿尔法（Alfa）、蜘蛛（Spider）、阿尔菲塔（Alfetta）、吉利耶塔（Giulietta）、阿尔法苏（Alfasud）等。

著名的阿尔法·罗密欧跑车有 145/146 型、155 系列、164 系列、GTV、蜘蛛（Spider）、96 款"流云"等。

3.5.3　蓝旗亚汽车公司

出色的赛车手维琴佐·蓝旗亚（Vicenzo Lancia，1881—1937 年），也是菲亚特汽车公司的创始人，1906 年在都灵市创办了以自己名字命名的公司。Lancia 在意大利语中是长矛的意思，长矛是中世纪骑士的主要武器。

蓝旗亚汽车标志具有双重意义：一是采用了公司创始人维琴佐·蓝旗亚的姓氏，二是借用了长矛的含义。车标以长矛作为画面的主题，代表了该企业的奋斗精神，加上旗帜中的公司英文名称（LANCIA），简洁地体现了蓝旗亚的全部含义。独具意大利风格和文化韵味的蓝旗亚汽车广为世人所喜爱。

3.5.4　法拉利汽车公司

法拉利汽车公司于 1929 年成立，以创始人恩佐·法拉利的姓氏命名。

意大利素有"高性能汽车王国"之称，法拉利无疑是王冠上最美的钻石。法拉利公司总部在马拉内罗（Maranello），主要生产轿车和赛车。

法拉利公司标志是黑色的飞马，底色为摩德纳（工厂所在地）金丝雀羽毛的颜色。飞马标志原为意大利空军战斗英雄佛朗希斯科·巴拉克的护身符，飞马护佑他在历次空战中获胜。巴拉克在生活中也非常喜欢马，他所有的物品都有马的图案。同时他也是一个技术高超的骑手。

法拉利跑车一直是高品质跑车的代名词，法拉利公司推出的每款跑车都使其他公司望尘莫及。法拉利公司的经典车型有法拉利 F355 Spider、法拉利 F50 Ferrari、法拉利 F512M、法拉利 F456GT 等。

3.5.5　兰博基尼汽车公司

1963 年，费鲁吉欧·兰博基尼（Ferrucio Lamborghini，1916—1993 年）在圣亚加塔·波隆尼创建了一家生产赛车的公司，1987 年被美国的克莱斯勒公司兼并。

费鲁吉欧·兰博基尼在战后制造了一系列拖拉机、燃油燃烧器及空调系统，为自己的品牌树立了声望。

兰博基尼汽车公司标志是一头公牛，它浑身充满力量，正准备冲击，寓意该公司生产的赛车马力大、速度快、战无不胜。

兰博基尼汽车是唯一能在收藏车市场上与法拉利叫板的车型。

3.6　英国汽车品牌史

3.6.1　劳斯莱斯汽车公司

劳斯莱斯汽车公司由查尔斯·罗尔斯（Charlls Rolls，1877—1910 年）和亨利·罗伊斯（Henry Royce，1863—1933 年）于 1904 年创立。

劳斯莱斯的车标中重叠在一起的两个 R 分别代表罗尔斯（Rolls）和罗伊斯（Royce）姓氏的第一个字母，体现了两人融洽、和谐的合作关系。

劳斯莱斯新时代的到来应该从 Silver Ghost 的诞生算起。Silver Ghost 被直译为银色幽灵，亦译成幻影。银色幽灵采用 6 缸 7 L 发动机，曲轴在 7 个轴承上旋转，运转非常柔和，压力润滑系统第一次应用在劳斯莱斯 Legalimit 发动机上。到 1924 年，一共生产了 6137 辆银色幽灵，这些车辆均是手工制造。劳斯莱斯卓越的设计和严格的品质管理树立了它在世界上的声誉。

劳斯莱斯的经典车型有银色幽灵（Silver Ghost）、银色黎明（Silver Dawn）、银云（Silver Cloud）、银色阴影（Silver Shadow）、滨海大道（Corniche）、银色精灵（Silver Spirit）和银色马刺（Silver Spur）等。

3.6.2　捷豹汽车公司

英国捷豹（Jaguar）汽车公司创建于 1935 年，总部设在英国汽车工业的心脏地带考文垂。在中国内地也有人把 Jaguar 称作美洲虎，而在中国香港和澳门地区，则把 Jaguar 称作架积。

捷豹的产品包括超豪华车（Limousine）、敞篷车和跑车等，其车标是一只跃起欲飞的豹，寓意捷豹公司及其产品的蓬勃生机与活力。

1989 年，捷豹被美国福特公司以 40.7 亿美元的价格购入，在福特公司的帮助下，捷豹逐渐走出了经济困境。在 2008 年，捷豹路虎售卖给印度塔塔集团公司，但印度塔塔集团公司仅有着捷豹路虎的股权，产品研发、方案设计、生产制造及其市场销售并没有涉足。

捷豹凭借个性化的外形、豪华的内饰和设备以及卓越的性能在世界汽车市场中占据了重要地位。捷豹汽车公司的经典车型有 C-type、D-type、E-type、Mark X、XJS、XK、XJ 系列、R 系列、S-type 等。捷豹路虎全球首席执行官宣称捷豹将在 2025 年起成为纯电动品牌，从 2026 年开始，公司计划逐步取代柴油车型，并在 2036 年实现零尾气排放，在 2039 年达成净零碳排放的目标。

3.7　韩国汽车品牌史

3.7.1　现代汽车公司

现代汽车公司创建于 1967 年，主要生产轿车、货车、大客车和专用车，是韩国现代集团的骨干企业。

现代汽车公司的标志是在椭圆中有一个斜花体字母 H，H 是现代汽车公司英文名（Hyundai Motors Company）第一个单词的首字母。

现代汽车公司的标志，首先体现了"现代汽车公司腾飞于世界"这一理念，其次还象征现代汽车公司在和谐与稳定中发展。标志中的椭圆即代表汽车的转向盘，又可以看作是地球，与其间的 H 结合在一起恰好代表了现代汽车遍布全世界的意思。现代汽车公司标志（斜花体字母 H）不同于日本的本田汽车商标（正体 H）。汽车商标安装在汽车散热器格栅上，表示车名的文字商标设在车尾。

现代汽车公司生产的车型主要有福尼（Pony）、雅绅特（Accent）、蓝特拉（Lantra）、索纳塔（Sonata）、玛齐（Marcia）、宏伟（Grandeur）、伊兰特（Elantra）等。

3.7.2　大宇汽车公司

大宇汽车公司的前身是 1967 年金宇中创建的新韩公司，后改为新进公司，1983 年改名为大宇汽车公司，是韩国的骨干企业。

大宇汽车公司使用形似地球和正在开放的花朵作为标志，生产的汽车也使用这个标志作为商标。大宇标志象征高速公路大动脉向未来无限延伸，表现了大宇的未来发展愿景；椭圆代表世界、宇宙；向上展开的花朵形象地体现了大宇家族的创造力和挑战意识。整个标志表现了大宇智慧、创造、挑战的企业精神，表现出大宇集团的风范。

大宇生产的车型有超级沙龙（Super Salon）、王子（Prince）、希望（EsPero）、蓝天（Clelo）、赛手（RaCer）、巧龙（TiCO）、旅行家（Nubira）等。

3.7.3　起亚汽车公司

起亚汽车公司创建于 1944 年，是韩国最早生产汽车的企业，现在主要生产轿车和汽车。

起亚汽车公司的标志是英文"KIA"，象征腾空飞翔的雄鹰，寓意起亚公司发展潜力无限。起亚汽车公司生产的车型有嘉华、狮跑、赛拉图等。

3.8　日本汽车品牌史

3.8.1　丰田汽车公司

丰田汽车公司英文名为 Toyota Motor Corporation，是由 1933 年创立的丰田自动织布机制作所的汽车部发展起来的。1937 年，丰田自动车工业公司正式创立；1938 年，丰田汽车工厂正式投产。

1959 年，丰田汽车公司在巴西建立该公司的第一个国外生产厂。1984 年与美国通用汽车公司合资建立 NUMMI 工厂，生产 NDVA 牌小型轿车。丰田汽车公司在日本国内共有 10 个工厂、3700 个销售点，在世界 20 个国家设有 27 个生产工厂、6700 个销售点。丰田汽车公司的汽车产品，有排量 1.3～4.0 L 的轿车，也有载重 6 t 以下的货车及 29 座以下的客车。

丰田汽车公司一共开发了 50 多个车型，形成了庞大的丰田车系，比较有代表性的车型有皇冠、花冠、凯美瑞（佳美）、雷克萨斯（凌志）等。

3.8.2　日产汽车公司

日产汽车公司英文名为 Nissan Motor Co. Ltd，创立于 1933 年，是日本的第二大汽车产业集团。

日产集团 1935 年起正式采用大量生产方式进行汽车生产。1953 年起从英国引进技术，生产奥斯汀（Austin）A40 型轿车。1961 年、1964 年日产汽车公司分别建立了轿车与载货汽车大型生产基地。1980 年 1 月，该公司购买了西班牙 Motor Lberica 公司 35.85% 的股权。同年 7 月建立美国日产汽车制造公司（NMMC）。同年 12 月，与意大利阿尔法·罗密欧公司出资成立 ARNA 公司。

1981 年 9 月，日产汽车公司与德国大众汽车签署了技术合同协议。

1982 年 6 月，与美国的 Martin Marietta 公司签订了宇航、防卫技术援助协议。

1984 年 2 月，日产汽车公司在国内装配销售大众汽车公司的桑塔纳轿车。1985 年 3 月在美国开始生产轿车。

日产集团在日本国内共有 11 个汽车制造厂和 5 个装配厂、3000 个销售点，在世界 22 个国家设有 27 个生产工厂、6500 个销售点。日产汽车公司比较有代表性的车型有公爵王、帕拉丁、蓝鸟、骊威等。

日产集团除了生产轿车、载货汽车和客车之外，还生产叉车、纺织机械、船舶、船用动力、火箭等，非汽车销售额占 12.5%。

3.8.3 三菱汽车公司

三菱汽车公司英文名为 Mitsubishi Group，建立于 1970 年。

三菱汽车公司是由三菱重工业股份有限公司和美国克莱斯勒汽车公司合资经营的综合型汽车制造企业。1982 年 6 月，该公司与美国福特公司就提供发动机达成协议；同年 10 月在美国设立汽车销售公司。1984 年 10 月，该公司与三菱汽车销售公司合并，以提高经营效率和实现体制合理化。三菱汽车公司持有韩国现代汽车公司 7.5% 的股权，并提供小型轿车生产许可证。

三菱汽车公司还为奔驰公司在西班牙的子公司提供发动机和生产技术。1985 年 4 月，三菱公司与克莱斯勒公司签署了在美国合资生产轿车的协议。

三菱汽车公司主要生产普及型轿车、微型载货车、重型载货车和大客车。三菱汽车公司在日本国内有 6 个生产厂，在 24 个国家设有 26 个组装厂。

帕杰罗越野车是三菱汽车公司非常成功和有代表性的车型。

3.8.4 本田汽车公司

本田汽车公司英文名为 Honda Motor Co. Ltd，中国称为本田公司，创立于 1948 年。

本田公司是生产经营轻型汽车、两轮摩托车、耕耘机、通用发动机和发电机的综合型公司。该公司的两轮摩托车产量占世界摩托车总产量的 1/3 以上，本田公司是世界上最大的摩托车制造企业。该公司总销售额中，汽车销售额占 60%，摩托车占 20%，其他占 20%。

本田公司主要生产排量在 1.2～2.4 L 的轿车和轻型载货汽车，也生产大客车。在日本国内共有 6 个制造厂，其中摩托车厂有 4 家。本田公司在 30 个国家建有 48 个从事汽车、摩托车和零部件生产的企业，其中汽车生产企业共 7 家，分设在 7 个同家。本田公司在日本国内共有销售点 2727 个，在国外共有 820 个销售公司。

雅阁轿车是本田公司非常成功和极具代表性的车型。

3.8.5 日本其他汽车公司

日本汽车公司除了以上 4 家外，还有铃木汽车公司（Suzuki Motor Limited）、马自达汽车公司（Mazda Motor Company）、斯巴鲁汽车公司（Subara Motor Company）等，其生产的主要车型有马自达 3、马自达 6、铃木奥拓、铃木 Waggon、斯巴鲁森林人等。

铃木汽车公司使用的标志由铃木 Suzuki 的首字母 S 变形而来。

马自达汽车公司的名称来源于西亚传说中神的名字阿弗拉·马自达（Afura Mazda），他象征着古代文明，聪明、理性又协调。

3.9　中国汽车品牌史

中国汽车历史性跨越"三步走"：

（1）艰苦创业，发展品种，历经 40 年，年产量跨越 100 万辆。

（2）改革发展，快速成长，历经 8 年，年产量跨越 200 万辆。

（3）奋力拼搏，与时俱进，历经 2 年，年产量跨越 300 万辆。

中国汽车工业起始于 20 世纪 50 年代初，中华人民共和国成立以后，创建了中国人自己的汽车工业。经过几代人半个世纪的奋力拼搏，中国汽车工业历经创建、成长与全面发展的进程，通过历史性跨越"三步走"，建立了汽车科研、专业教育和各类专业人才培养的体系，形成了产品种类比较齐全、生产能力不断增长、产品水平日益提高、市场用户持续拓展、营销服务网络完善建设的汽车工业体系，极为丰富地显现了中国经济成长和社会发展的时代特色。

进入 21 世纪以后，中国汽车工业在中国加入 WTO 后，市场规模、生产规模迅速扩大，融入世界汽车工业体系。21 世纪以来，产品结构进一步优化，形成以 3 个大型企业集团为龙头和 16 个重点企业集团（公司）为主力军的汽车工业新体制。

汽车消费将进入普及期，中国汽车市场还处于刚需阶段，还有很大的市场发展潜力。根据目前的发展状况，中国汽车市场不再是被外资品牌所主导，更多的是本土车型。在未来 10 年内，汽车消费将会出现新一轮的变化和选择。

3.9.1　中国第一汽车集团有限公司

中国第一汽车集团有限公司是国有特大型汽车生产企业，总部位于长春市，前身是第一汽车制造厂，简称中国一汽，如图 3-21 所示为其标志。

中国一汽于 1953 年奠基兴建，1956 年建成并投产，制造出新中国第一辆解放牌卡车，即解放 CA10 载货卡车。1958 年制造出新中国第一辆东风牌小轿车和第一辆红旗牌高级轿车，即红旗 CA770 轿车。中国一汽的建成，开创了中国汽车工业新的历史。经过 70

图 3-21　一汽标志

多年的发展，中国一汽已经成为国内最大的汽车企业集团之一，是世界五百强企业。

中国一汽直属的主要汽车制造厂有吉林轻型车厂、长春轻型车厂、青海汽车制造厂、无锡汽车制造厂、常州客车厂、大连柴油机厂、长春汽车发动机厂、哈尔滨汽车齿轮厂等。

中国一汽是最早生产汽车的工厂，是我国汽车工业的摇篮。中国一汽于1986年完成换型改造工程，形成年产8万辆CA141系列货车的生产规模。中国一汽与德国大众汽车公司合资成立一汽-大众汽车有限公司，生产奥迪牌高级轿车和高尔夫、捷达牌普及型轿车。

中国一汽的标志是"第1汽车"中"1汽"两字艺术化的组合，置于意寓地球的椭圆内，整个标志镶嵌在汽车的进气格栅上。

中国一汽早期生产的解放牌货车，其标志为毛泽东主席手书的"解放"两字，周围以冲压的五角星、祥云为衬托。

在后期生产的红旗轿车上，又采用毛泽东主席手书的汉字"红旗"和置于椭圆内的阿拉伯数字"1"的组合图案以及立体的红旗为标志。

中国一汽的自有品牌有红旗明仕、红旗世纪星、红旗旗舰等。在解放系列载货汽车和轻、微型客车中，解放CA1091和解放J6已经成为拳头产品，畅销不衰。

除此之外，中国一汽还生产奥迪、高尔夫、捷达、宝来、花冠、威驰、马自达6等合资品牌轿车。

1995年2月，中国一汽兼并购买沈阳金杯汽车股份有限公司的国有股份，成为中国汽车工业"强强联合"的一个开端。

1997年末，中国一汽拥有成员企业270家，其中35个直属专业厂、11个全资子公司、12个控股公司、14个参股公司和200多家关联企业，有轻、中、重、轿、客、微六大系列，9个基本车型，200多个品种，年产能力40万辆，是一个跨部门、多形式、多层次，具有科研开发、生产销售、金融和外贸业务的大型汽车企业集团。

中国一汽在21世纪初，对不同体制、机制下的不同资产实施产权清晰的重组和调整，重组和调整后，拥有一汽轿车、一汽四环、一汽夏利3个股份制的上市公司，一汽-大众、天津丰田等22个中外、中中合资企业，海外11个办事机构（含组装厂），拥有解放、红旗、马自达、一汽奥迪、捷达、宝来、威驰、夏利、雅酷、威姿、福美来等品牌，还组建了一汽客车有限公司、一汽解放汽车有限公司，形成了生产轻、中、重、轿、客、微和越野汽车、专用车、变型车多品种、宽系列以及零部件的产品格局。

从1953年中国第一汽车制造厂建厂，到2017年9月中国一汽技术中心解散，再到21世纪初重组改为股份制企业结构形式，历经70多年历史。

2022年，中国第一汽车集团有限公司以红旗为发展重心，以把红旗打造成标杆为目标，跨越了50万辆以上台阶，进入高端豪华品牌第一阵营，同时聚焦新能源智能汽车，着力在"三电"（电池、电机、电控）、"五智"（智联、智舱、智驾、智算、智能底盘）上取得开创性技术突破和落地性产业应用。表3-1为中国第一汽车集团有限公司发展简表。

表 3-1　中国第一汽车集团有限公司发展简表

发展历程	年份	合资公司	品　牌	备　注
中国一汽奠基兴建	1953~1958	无	解放 CA10 载货卡车，单一卡车；1958 年红旗 CA770 轿车	结束了中国自己不能制造汽车的历史
一汽-大众汽车有限公司	1991	德国大众建立 15 万辆轿车基地	捷达、宝来、高尔夫、开迪轿车和奥迪100，奥迪 A4、A6 轿车；轻型车和轿车	拥有全资子公司 30 家，控股子公司 18 家
天津一汽丰田汽车有限公司	2002	与天津汽车重组；与日本丰田合资	夏利、威驰、花冠、皇冠、锐志轿车	轻、中、重、轿、客、微各类汽车
四川一汽丰田汽车有限公司	2006	日本丰田	兰德酷路泽、普拉多多功能运动车、柯斯达豪华客车	"中国制造企业 500 强"第 1 位，"世界最大 500 家公司"第 470 位
中国第一汽车集团有限公司	2022		红旗、揽巡、新能源 SUV、大众 iD	售整车 410 万辆，高端汽车品牌第一位

3.9.2　东风汽车公司

东风汽车公司（原中国第二汽车制造厂）是依靠我国自己的力量设计、建设和装备起来的汽车生产企业。经过 50 多年的发展，东风汽车公司相继建成了十堰、襄樊、武汉和广州汽车生产基地，成为集生产、科研、开发、经营于一体的跨地区、跨行业的现代化汽车企业集团。

目前，东风汽车公司拥有 28 个直属企业、54 个全资和控股子公司；汽车年生产能力逾 30 万辆；可为用户提供重、中、轻、轿四大系列 8 个基本车型，150 多种变型车，170 多种改装车，8 个系列 16 种发动机，是国内汽车行业生产品种最多、车型覆盖面最宽的企业。

东风汽车公司始建于 1969 年。1975 年 7 月 1 日，第一个基本车型 2.5 t 越野车 EQ240 生产能力初步形成；1978 年 7 月 15 日，第二个基本车型 5 t 民用载货车 EQ140 生产能力建成。

1981 年，在国内率先成立企业集团——东风汽车企业联营公司（东风汽车集团）。

1986—1992 年，二汽在襄樊开辟和建设了包括年产 3 万吨铸件、生产康明斯 B 系列发动机以及国内规模最大、功能最全的汽车试验场在内的第二个生产基地。同时引进开发了 EQ114G 八平柴、EQ1118G 六平柴系列重型车。

1997 年，东风汽车公司取得五个行业第一，包括重型载货汽车销量第一、中型载货汽车销量第一、轻型载货汽车销售增幅第一、轿车产销增幅第一、东风产品综合产销增幅第一，形成了重、中、轻型系列产品三足鼎立的新格局。东风汽车公司在 21 世纪初实现资产重组、优化资源配置，主要体现在：突破单一产品局限，基本形成宽系列产品格局；突破发展区域局限，"立足湖北、面向全国"发展格局基本形成，发展布局优化；实现工厂体制向公司体制转变，基本完成现代企业制度奠基工程；创立东风科技，东风汽车集团有限公司上市，开辟融资渠道，跳出纯产品经营局限；对外合资合作，全方位、多层次展开，保留东风名称和品牌，共同发展新品牌。

集团分布在十堰、襄樊、武汉和广州 4 个汽车开发生产基地，拥有东风载货车（十堰）、东风汽车股份（襄樊）、神龙（武汉）、云南汽车、柳州汽车、杭州汽车、杭州日产柴、武汉万通、风神汽车（花都）、东风悦达起亚（盐城）、东风荣成等 11 个载货汽车、客车（含底盘）和轿车生产企业，东风康明斯（十堰）、东风柴发（襄樊）、东风朝阳和东风本田（广州）等发动机生产企业；拥有东风（风神）、神龙、爱丽舍、新蓝鸟、小霸王、多利卡、东风之星、东风梦卡、东风信天游皮卡、东风小王子等品牌，形成了生产重、中、轻、微、客、轿和越野车、专用车、变型车多品种、宽系列以及零部件的产品格局。

2021 年全球纯电动汽车销量数据中，东风汽车集团有限公司以 7.1 万辆（占其总销量的 6%）位列第 17。2022 年 4 月 27 日，东风汽车集团有限公司在武汉召开知识产权年会，启动首届高价值专利布局大赛。2022 年 8 月 27 日，豪华电动越野品牌猛士正式发布，两款概念车全球首秀。表 3-2 为东风汽车公司发展简表，如图 3-22 所示为 1978 年 7 月东风 5 t 载重汽车投产。如图 3-23 所示为 1992 年神龙汽车有限公司的生产线。

表 3-2　东风汽车公司发展简表

发展历程	时间	合资公司	品　牌	备　注
第二汽车制造厂	1969 年奠基兴建	无	东风牌卡车	
	1975 年	无	第一车型 2.5 t EQ240 越野货车	
	1978 年	无	东风牌 5 t EQ140 货车	
神龙汽车有限公司	1995 年	法国雪铁龙	富康牌轿车以及后来的爱丽舍，CR-V 思威轿车	东风在国外叫风神，风神-雪铁龙

发展历程	时间	合资公司	品　牌	备　注
东风日产成立	2003 年	日本		中国最大的汽车合资企业东风日产成立
东风格特拉克汽车变速箱有限公司	2012 年 10 月 22 日	德国格特拉克		销售自动变速箱及其备件和零部件
东风汽车集团有限公司	2022 年	本田、起亚、雷诺	东风牌卡车、富康牌轿车以及爱丽舍轿车	

图 3-22　1978 年 7 月东风 5 t 载重汽车投产

图 3-23　1992 年神龙汽车有限公司的生产线

3.9.3　北京汽车集团有限公司

北京汽车集团有限公司（曾用名北京汽车工业控股有限责任公司，以下简称北汽集团）是由北京市人民政府投资，对原有北京汽车工业集团总公司进行改制组建的国有独资公司。

目前，北汽集团所属全资、控股、参股的整车制造、零部件制造、汽车贸易和投资企业共 32 个，总资产约 296 亿元，员工总数 4 万多人。北京汽车工业的发展已有约 60 年的历史。20 世纪 60 年代以来，北汽集团自主开发生产了 BJ212 越野车和 HJ130 轻型卡车，成为中国轻型汽车的生产基地。

1984 年，北汽集团与美国克莱斯勒公司共同投资成立中国第一个汽车整车制造合资企业——北京吉普汽车有限公司。至 2004 年 9 月，北汽集团已实现累计产销汽车 300 万辆。

北汽集团于 2002 年 10 月与韩国现代汽车集团共同组建北京现代汽车有限公司。北京现代公司实现了快速发展，2004 年 10 月，汽车产销量跃居全国轿车生产第三名。北汽集团与戴姆勒·克莱斯勒公司一直保持着良好的合作关系，2001 年 3 月，双方续签了 30 年的新的合资合同，并与日本三菱汽车公司签订了帕杰罗、欧蓝德汽车技术转让协议。现在，北汽集团已拥有克莱斯勒、Jeep、三菱、现代等国际品牌和北京、欧曼、时代、奥铃、风景、北汽福田等自主开发的民族品牌，实现了国际品牌和民族品牌比较完美的结合，形成了轿车、商务车、越野车的三大板块生产格局。

北汽蓝谷新能源科技股份有限公司是由北京汽车集团有限公司控股的高科技上市公司，是绿色智慧出行一体化解决方案提供商。子公司北京新能源汽车股份有限公司创立于 2009 年，是我国首家独立运营的新能源汽车企业。2022 年 5 月 7 日，北汽集团旗下的北汽新能源和北京汽车联合，推出高阶智能驾驶纯电轿车极狐阿尔法 S。表 3-3 为北汽集团发展简表。

表 3-3　北汽集团发展简表

发展历程	时间	合资公司	品牌	备注
北京吉普汽车有限公司	1984 年 1 月	北汽与美国 AMC 汽车公司合资	北京吉普"切诺基"	中国汽车的第一个中外合资企业
北京汽车集团	2001 年 1 月 31 日	北汽与美国第三大汽车制造企业克莱斯勒合作	2006 年国产梅赛德斯——奔驰 E280 和 E200K 首款新车上市	中国五大汽车企业之一
北京汽车	2009 年 12 月 14 日	北京汽车完成了对瑞典萨博汽车公司知识产权的收购工作	2009 年 10 月 10 日国庆庆典，"北京·勇士"成为参加庆典的车	
北汽集团	2010 年 9 月 28 日			北京汽车股份有限公司正式挂牌

发展历程	时间	合资公司	品　牌	备　注
北京现代 （北京汽车股份 有限公司控股）		韩国现代汽车 集团	现代	2010 年北京马拉 松赛，现代汽车成 为了此次北京马拉 松赛事的唯一汽车 赞助商
北京汽车股份 有限公司	2013 年 2 月 1 日	戴姆勒股份公司 与北京汽车集团有 限公司签署了战略 协议	北汽奔驰	
北汽蓝谷新能源 科技股份有限公司	2018 年	独立经营	纯电 SUV 极狐阿 尔法 T、智能豪华 纯电轿车极狐阿尔 法 S	
北汽集团旗下	2019 年 10 月	北汽新能源和北 京汽车联合	"BEIJING" 品牌	以"北京"商标 为基础
北汽集团旗下	2022 年 5 月	北汽新能源和北 京汽车联合	极狐阿尔法 S	高阶智能驾驶纯 电轿车

3.9.4　上海汽车工业（集团）总公司

上海汽车工业（集团）总公司积极应对汽车产业全球化竞争，加快上汽集团发展。其发展原则是：坚持重点发展乘用车与积极发展商用车相结合，坚持加强对外合作与积极推进自主开发相结合，坚持用足存量与跨地区的兼并重组相结合。重点抓好：确定集团经营理念，构建集团管理文化，体现上汽集团（SAIC）核心价值的内涵（S——满足用户需求、A——提高创新能力、I——集成全球资源、C——崇尚人本管理），实践"四大工程"（用户满意、全面创新、全球经营和人本管理）的操作平台；工厂布局走出上海，重点实施"沿海战略"，积极推进企业兼并重组；实施"引进来、走出去"并举、出海跨洋开拓市场，努力实现"三大转变"（国内市场向国际市场、国产化向全球化、单一制造向多元化）和"三大突破"（整车出口批量化、零部件出口规模化、海外公司本土化）；拓展服务贸易领域，努力培育新增长点。

上汽集团分别在上海（安亭、浦东、闵行）、仪征、柳州、合肥、烟台建立了乘用车（客车、轿车）、商用车（载货、载客）生产基地，拥有上海桑塔纳、帕萨特、波罗、上海别克、别克君威、赛欧、赛宝、奇瑞、上汽五菱、申沃等品牌，先后与德国、美国、日本、英国、法国和意大利等国家的汽车和零部件企业集团建立了 57 家合资企业，设立了上海汽车股份有限公司，创建了销售、进出口、财务、开发、信息等 5 家专业性公司和汽车工程研究院、培训中心，形成了生产经营轿车、客车、重型载货汽车、拖拉机和摩托车及其零部件的产品格局。

上海汽车工业（集团）总公司的核心企业是其与德国大众汽车公司合资建立的上海大众汽车有限公司，该公司成立于 1985 年，生产桑塔纳牌轿车。

原上海汽车厂后来并入该厂，过去长期生产的上海牌轿车停止了生产。该公司 1993 年跃上新台阶，年产轿车 10 万辆，其销售额和利税居全国汽车行业之首，国产化率达到 80.47%，已连续多年登上全国十佳生产型合资企业金榜。

属于上汽集团的企业还有上海重型汽车厂、上海通用汽车公司以及许多生产零部件的配套厂。

上汽集团生产的主要车型有桑塔纳 2000、桑塔纳 3000、帕萨特、波罗、别克君威等。上汽集团将荣威、名爵、宝骏并称为上汽集团自主品牌的"三驾马车"。2022 年，欧洲成为上汽集团首个"十万辆级"海外区域市场；上汽集团荣获"中国单一品牌海外销量冠军"，MG 品牌保持"四连冠"，推出中国汽车工业首款全球车 MG4 Electric（国内定名 MG MULAN）。上汽集团还推出了极智高阶纯电 SUV 飞凡 R7，上汽友道智途"5G+L4"智能重卡。图 3-24 展示了一些早期的上海汽车。

(a)

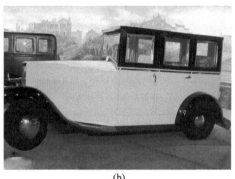

(b)

(c)

(d)

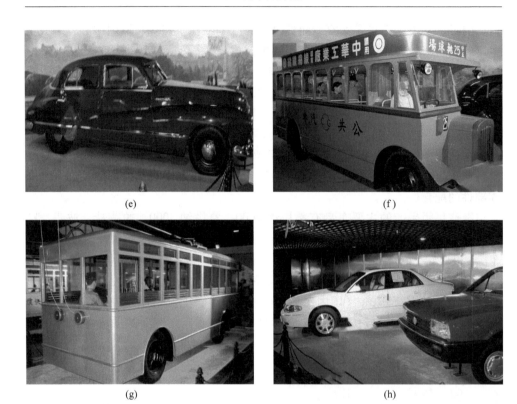

图 3-24　早期上海汽车

（a）20 世纪初上海街头行驶的轿车样式；（b）20 世纪 20 年代上海街头轿车样式；

（c）20 世纪 30 年代上海街头常见轿车样式；（d）20 世纪 40 年代皮尔卡轿车样式；

（e）20 世纪 50 年代轿车样式；（f）20 世纪 30 年代上海南京路上的第一辆公共汽车；

（g）上海早期公共电车；（h）1998 年第一辆别克轿车

3.9.5　中国重型汽车集团有限公司

中国重型汽车集团有限公司（以下简称中国重汽）即中国重型汽车联营公司，组建于 1983 年，总部在山东省济南市，下属主要企业有济南汽车制造总厂、四川汽车制造厂、陕西汽车制造厂等。这些厂在原来生产黄河牌、红岩牌等重型汽车的基础上，在"七五"计划期间，由中国重汽安排，引进奥地利技术，生产斯太尔系列重型汽车。

中国重汽其他主要企业有杭州汽车发动机厂、重庆汽车发动机厂和潍坊柴油机厂等。2000 年 7 月，中国重汽重组，一分为三，分别组成中国重型汽车集团有限公司（济南）、重庆重型汽车集团有限责任公司（重庆）和陕西汽车集团有限责任公司（陕西），共享引进斯太尔重型汽车制造技术，开发、生产和经营业务各自独立运作。2022 年，中国重汽整车销量实现 24.9 万辆，是行业销量最高、市场下滑最少、运行效益最好的企业，行业龙头地位持续稳固，并实现了14个"第一"。实现了国内首台商业化氢内燃机新能源重卡，实现零碳排放；开发行业唯一双挡电驱集成桥，在新能源技术路线和动力链构建起了技术优势。中国重汽"智能网联（新能源）重卡"项目，主要生产黄河 X7 系列、豪沃 TH7/TX 系列等重卡产品，其中黄河 X7 作为中国重汽全新一代高端物流牵引重卡，拥有小于 0.36 的超低风阻。

3.9.6　浙江吉利控股集团有限公司

浙江吉利控股集团有限公司是国内汽车行业十强中唯一一家民营轿车生产企业，始建于 1986 年，经过 30 多年的建设与发展，在汽车、摩托车、汽车发动机、变速器、汽车电子电器及汽车零部件制造领域取得了辉煌业绩。

浙江吉利控股集团有限公司现有吉利豪情、美日、优利欧、美人豹、华普、自由舰、吉利金刚、吉利远景等八大系列 30 多个品种的轿车；拥有 1.0 L（三缸）、1.0 L（四缸）、1.0 L VVT-i、1.3 L、1.5 L、1.6 L、1.8 L、1.8 L VVT-i 八大系列发动机；拥有 JLS160、JLS160A、JLS110、JLS170、JLS90、Z110、Z130、Z170 八大系列变速器。上述产品均已通过国家 2C 认证，并达到欧Ⅲ排放标准，其中 1.0 L（四缸）、1.0 L VVT-i 发动机已经达到欧Ⅳ标准；吉利拥有上述产品的完全自主知识产权。

浙江吉利控股集团有限公司在北京建立了吉利大学，在临海建立了吉利汽车轿车开发中心和实验中心；在上海建立了新能源、清洁燃料、混合动力、电动力汽车以及经典车型研发中心；在宁波建立了发动机研究所、变速器研究所，在路桥建立了电子电器研究所；为加大自主创新步伐，吉利控股集团正在筹建一个集成世界先进技术的开放型研发中心和一个创新成果应用平台。

吉利汽车各研究院拥有较强的轿车整车、发动机、变速器和汽车电子电器开发能力，每年可以推出 4~5 款全新车型和机型；拥有一批行业顶尖的汽车专家和技术力量。自主开发的 4G18 发动机，升功率达到 57.2 kW，处于国际先进水平；自主研发的自动变速器，填补了国内空白，并获得 2006 年度中国汽车行业科技进步奖唯一的一等奖；自主研发的 EPS，开创了国产品牌的汽车电子助力转向系统的先河。

2009 年，吉利宣布收购美国最大的飞行汽车公司，这意味着中国将成为全球首个拥有飞行汽车的国家。2016 年，吉利与 Terrafugia 公司就收购问题展开协商，最终决定吉利掌控该公司绝大部分股份，并由中方主导企业管理和未来发展。未来 Terrafugia 的产品研发试制或将在美国完成，生产将可能在中国。2009 年，发布了第一款飞行汽车，取名"Transition"。

吉利控股集团旗下拥有吉利汽车、领克汽车、几何汽车、极氪汽车、沃尔沃汽车、Polestar、宝腾汽车、路特斯汽车、伦敦电动汽车、远程新能源商用车、太力飞行汽车、曹操专车、荷马、盛宝银行、铭泰等众多国际知名品牌。2020 年 5 月 13 日，作为第一批倡议方，与国家发展改革委等部门发起"数字化转型伙伴行动"倡议。2023 年推出纯电 SUV——ELETRE，以及代号 TYPE 133 的纯电四门轿跑，准备 2025 年推出代号 TYPE 134 的纯电新车、2026 年推出代号 TYPE 135 的纯电小跑车。

3.9.7　奇瑞汽车股份有限公司

奇瑞汽车股份有限公司于 1997 年注册成立，1997 年 3 月 18 日动工建设。1999 年 12 月 18 日，第一辆奇瑞轿车下线。2007 年 8 月 22 日，奇瑞公司第 100 万辆汽车下线，标志着奇瑞公司已经实现了通过自主创新打造自主品牌的第一阶段目标，正朝着打造自主国际名牌的新目标迈进。经过 10 年多的跨越式发展，奇瑞公司已拥有整车、发动机及部分关键零部件的自主研发能力、自主知识产权和核心技术，目前已成为我国最大的自主品牌乘用车研发、生产、销售、出口企业，为应对残酷的市场环境和实现更快发展奠定了基础。

奇瑞公司现有轿车公司、发动机公司、变速器公司、汽车工程研究总院、规划设计院、实验技术中心等生产、研发单位，具备年产整车 65 万辆、发动机 40 万台和变速器 30 万台的能力。现已投放市场的整车有 QQ3、QQ6、A1、瑞麒 2、开瑞 3、A5、瑞虎 3、东方之子、旗云、Cross 等 10 个系列数十款产品。

奇瑞公司已向全球 60 余个国家和地区出口汽车及零部件，轿车出口量连续 5 年稳居中国第一。2007 年，奇瑞公司还先后与美国量子、克莱斯勒、意大利菲亚特等企业建立了合作合资关系，开创了中国汽车工业跨国合作的新阶段。

2022 年底，奇瑞公司先后有 9 款发动机获选"'中国心'十佳发动机"称号。2023 年 2 月 27 日，奇瑞公司"科技·进化"火星架构-超级混动平台发布瑞虎 9。

3.9.8　沈阳华晨金杯汽车有限公司

沈阳华晨金杯汽车有限公司的前身是沈阳金杯客车制造有限公司，于 2003 年 1 月正式更名，是华晨中国汽车控股有限公司的核心生产企业。沈阳金杯客车制造有限公司是由华晨中国汽车控股有限公司与沈阳金杯汽车股份有限公司投资组建的合资企业，成立于 1991 年 7 月 22 日。

华晨金杯拥有两个整车品牌、三大整车产品。两个整车品牌即中华和金杯系列；三大整车产品包括拥有自主品牌的中华轿车、国内同类市场占有率近 6% 的金杯海狮轻型客车、引进丰田高端技术生产的金杯阁瑞斯多功能商务车。

2007 年 1 月 4 日，华晨金杯融欧美设计之风格，推出金杯"领骐"系列卡车。2018 年 10 月，在华晨宝马成立 15 周年之际，宝马集团和华晨汽车集团联合宣布，股东双方将延长华晨宝马的合资协议至 2040 年。2020 年 11 月 13 日，华晨汽车集团申请破产重整。

3.9.9 比亚迪股份有限公司

德国汽车企业戴姆勒与中国汽车企业比亚迪合资，在深圳成立比亚迪戴姆勒新技术有限公司，新公司注册资本 6 亿元人民币，双方各占一半股权。此次比亚迪与戴姆勒的合作与其他合资品牌不同，双方都为技术输出方，新产品还将启用全新品牌。

该研究技术中心设立在中国，在中国开发电动汽车。比亚迪将提供电动车的核心技术。2010 年 7 月 30 日，新公司挂牌仪式在比亚迪深圳坪山基地举行。比亚迪总裁王传福和戴姆勒董事会成员托马斯·韦伯博士拉下牌匾红绸布，深圳比亚迪戴姆勒新技术有限公司正式宣布运作。如图 3-25 所示为比亚迪第一套标识方案和第二套标识方案。

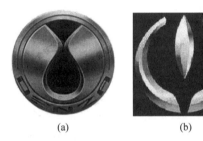

(a)   (b)

图 3-25　比亚迪第一套标识方案（a）和第二套标识方案（b）

比亚迪新工厂当时计划在 2014 年生产出 50～100 辆 K9 电动公交车，而之后则为年产 500 辆全电动公交车。2021 年，《比亚迪常州分公司生产 20 万辆纯电动车和用车项目环境影响报告书》出炉，比亚迪随后生产了 EM2、SC2E、EK 和 UX 四款全新车型。2022 年 4 月 10 日，比亚迪推出汉家族四款新车型，分别为汉 EV 千山翠、汉 EV 创世版、汉 DM-i、汉 DM-p。

比亚迪已在海外的多个国家签下电动公交车订单，包括荷兰、芬兰、丹麦、美国、加拿大、乌拉圭等。此外，比亚迪电动公交车已经在西班牙、比利时、匈牙利、哥伦比亚、智利、秘鲁等地成功进行了试运营。如图 3-26 所示为比亚迪美国合资厂投产的 K9 电动公交车。

3.9.10 中外汽车企业合资

表 3-4 列出了奇瑞公司、吉利控股集团、比亚迪合资发展简史。表 3-5 给出了中国汽车企业的部分合资品牌。

图 3-26 比亚迪美国合资厂投产的 K9 电动公交车

表 3-4 奇瑞公司、吉利控股集团、比亚迪合资发展简史

汽车企业	时间	合资情况	品　牌	备　注
奇瑞汽车股份有限公司	1997 年 1 月 8 日注册成立	与美国量子、克莱斯勒、意大利菲亚特等企业建立合资关系	QQ3、QQ6、A1、瑞麒 2、开瑞 3、A5、瑞虎 3	自主品牌销量冠军
	2012 年 4 月 25 日	博世中国投资有限公司、奇瑞汽车股份有限公司、澳大利亚埃泰克汽车技术有限公司三方在北京正式签约，成立合资公司	奇瑞、瑞麒、威麟和开瑞、东方之子、旗云、奇瑞 T21	开发和生产汽车多媒体产品，包括汽车组合仪表及信息娱乐系统产品；整车拥有设计确认权
	2023 年	奇瑞汽车集团	瑞虎 9（SUV）、捷途 X70 系列	整车终身质保的政策，这在国内车市可以说是开创了先河
吉利	2009 年 9 月 23 日	吉利汽车控股有限公司、高盛资本合伙人"GSCP"签署协议	吉利汽车、伦敦出租车等品牌、帝豪 EC7（A 级轿车）、博瑞（B 级轿车）、博越（SUV）、帝豪 GSC（跨界 SUV）利金刚系、远景系等 10 多款整车产品以及 1.0 ~ 3.5 全系列动力总成产品	吉利与 GSCP 密切合作，加强财务管理、运营效率和公司治理
	2010 年	沃尔沃被中国吉利收购 100%股份	吉利-沃尔沃	
	2023 年		纯电 SUV——ELETRE、TYPE 133 的纯电 4 门轿跑	第一批倡议方，与国家发展改革委等部门发起"数字化转型伙伴行动"倡议

汽车企业	时间	合资情况	品　牌	备　注
比亚迪	2010 年 5 月 27 日	德国汽车企业戴姆勒与中国汽车企业比亚迪正式签署合资协议	比亚迪-戴姆勒	"EV the Future"，即为电动车未来
	2022 年		汉 EV 千山翠、汉 EV 创世版、汉 DM-i、汉 DM-p；汉、唐、秦、宋、元、E-SEEDGT 等款	新能源汽车技术创新

表 3-5　中国汽车企业的部分合资品牌

汽车企业	合资	品　牌				
一汽集团（长春）	大众	奥迪	丰田	红旗	高尔夫	捷达
东风集团	东风本田	东风 t5、菱智	东风悦达起亚	东风标致	东风雪铁龙	风神
长安汽车（重庆）	长安和江铃江西省南昌市的汽车制造公司	长安铃木	长安福特	长安马自达	昌河	长安汽车
上海大众汽车有限公司	上汽与德国大众汽车公司合资	桑塔纳	斯柯达	帕萨特、波罗	别克君威	赛欧
上汽集团		上海通用	奇瑞、帕萨特轿车	荣威	五菱、名爵、荣威	雪弗兰
北京汽车	与韩国、美国、瑞典合资	北京现代	北汽奔驰	三菱	Jeep	福田
广汽集团	广汽本田		广州丰田	日野		传祺 GE3
东南汽车（福建）	1995 年 11 月 23 日诞生，与中国台湾最大的汽车企业裕隆集团所属中华汽车公司共同组建	东南得利卡	东南富利卡两大系列 7～11 座的轻型客车产品	V3 菱悦、翼神、V5 菱致		

汽车企业	合资	品　　牌				
江淮 （安徽）	2010 年10 月20 日，美国纳威司达公司正式签署《发动机合资项目》协议	江淮 JAC	中型、重型卡车业务方面	Navistar Maxx Force 品牌发动机	瑞鹰越野车（SRV）	C 级宾悦、B 级和悦及同悦 RS 轿车
华晨中国汽车	华晨与宝马合资	华晨宝马	华晨金杯	海狮		中华
奇瑞	博世、奇瑞、埃泰克三方合资	瑞虎	奇瑞	瑞麒、东方之子、Cross	威麟	开瑞
吉利 （浙江）	吉利-沃尔沃	吉利汽车	伦敦出租车	帝豪 EC7、博瑞、博越（SUV）	帝豪 GS（跨界 SUV）、远景系、金刚系	
比亚迪 （深圳）	比亚迪-戴姆勒		A 型纯电动轿车	秦 PLUS、秦、宋、唐等 DM-i 超级混动车型	比亚迪 F3、秦 PLUS、新能源汉 EV 千山翠、汉 DM-p、汉 EV 创世版、汉 DM-i	

　　20 世纪 90 年代以来，大规模的跨国重组成为全球汽车产业发展的潮流，体现在全球国际性投资空前增多、跨国生产迅猛发展和国际贸易急剧增长上，从而改变了全球汽车产业的竞争格局。

　　通用集团（含通用汽车、铃木、五十铃、菲亚特、富士重工和大宇）参股合资上海通用、金杯通用、上汽通用五菱、长安铃木、昌河铃木、江铃、庆铃、北轻汽、北铃专用车、南京依维柯、江苏南亚、贵州云雀、桂林大宇（客车）和烟台大宇（零部件）。大众集团参股合资上海大众和一汽大众。福特集团（含福特汽车、马自达和沃尔沃轿车）参股合资江铃和长安福特。丰田公司（含丰田、大发和日野）参股合资一汽丰田、天津丰田、四川丰田、沈飞日野和金杯客车（技术合作）。戴一克集团（含戴一克、三菱和现代）参股合资北京吉普、亚星·奔驰、北方奔驰、湖南长丰、东南汽车、北京现代和东风悦达起亚。雷诺-日产集团（含雷诺-日产、日产和三星）参股合资三江雷诺、郑州日产、杭州东风日产柴、风神和东风汽车。标致-雪铁龙集团参股合资神龙。本田公司参股合资广州本田、东风本田（发动机）。宝马公司参股合资沈阳华晨（宝马）。

3.10　汽　车　车　展

国际知名的五大车展，是世界汽车发展史的剪影，透过车展，可以让人更清晰地了解汽车。

3.10.1　德国法兰克福车展

2021 年，德国国际汽车展览（IAA）在慕尼黑举办，取代过去的法兰克福车展，更多地展示汽车产业技术革新等方面。如图 3-27 所示为 2021 年法兰克福车展场景。图 3-28 为 2021 年法兰克福车展新车。

图 3-27　2021 年法兰克福车展场景

图 3-28　2021 年法兰克福车展新车

3.10.2　法国巴黎车展

如图 3-29 所示为 2018 年法国巴黎车展全新一代宝马 3 系，具有标志性的双肾格栅、天使眼大灯以及霍氏拐角。更大的双肾格栅加重镀铬装饰，造型上略带一些圆润；天使眼大灯的圆形日间行车灯特征进一步弱化，变成了 L 型

图 3-29　宝马 3 系

LED 日行灯，眼角也随着格栅越开越大；霍氏拐角的造型也进行了改动。随着整个腰线下移，全新一代宝马 3 系车身造型变得更加流畅，整个气质都发生了变化。

如图 3-30 所示为 2019 年车展新一代奔驰 GLE，其长宽高为 4924 mm×1947 mm×1795 mm，轴距为 2995 mm。整体设计更加圆润优雅，进气格栅尺寸比现款车型更大，并首次提供越野套件和运动套件两种外观。与现款 GLE 相比，长度、轴距分别增加了 120 mm、80 mm。车宽和车高则是细微调整，分别增加了21 mm 和降低了 1 mm。标志性的三叉星徽 LOGO 搭配更加立体的双横条幅设计，使得新车看起来更加具有力量感，前大灯组采用双 L 型日间行车灯搭配 LED 大灯组的组合，夸张的前保险杠采用鱼鳞纹装饰，并在其上增加镀铬装饰条。独特的 C 柱设计是该车在奔驰家族中的标志性造型。同时采用 20 in（约 50.8 cm）熏黑处理的 AMG 五辐轮圈以及类似柳叶式的尾灯组。

图 3-30　奔驰 GLE

3.10.3　瑞士日内瓦车展

如图 3-31 所示为 2019 年瑞士日内瓦第 90 届车展展车，如图 3-32 所示为 2020 年瑞士日内瓦第 91 届车展展车。

图 3-31　2019 年瑞士日内瓦第 90 届车展展车

图 3-32　2020 年瑞士日内瓦第 91 届车展展车

3.10.4　北美车展

如图 3-33 所示为 2019 年车展雷克萨斯 RCF 基于中期改款的特别版，配备造型更加夸张的碳纤维车身组件，包括更激进的前后包围、前翼子板散热口造型、侧裙等。此外，为达到轻量化目的，新车使用了碳纤维车顶、带进气口的碳纤维发动机盖。新车还采用了大型后扰流板及标志性的斜置式双边共四出排气，看起来更加霸气。

如图 3-34 所示为 2019 年车展由广汽洛杉矶前瞻设计中心主导设计的家用电能新物种概念车 ENTRANZE，造型前卫。子弹式车头搭配由锋锐骨架撑起的透明车身，展现宽敞自由的空间。通过充满自然气息的软质再生材料，ENTRANZE 内饰营造兼具舒适性和未来感的氛围。让每一位乘客都拥有一流视野的"3+2+2 座椅布局"。前舱配有灵感来源于航天飞行器的头顶控制面板，副驾搭载双向安装的控制屏幕和海浪型曲面屏。

图 3-33   雷克萨斯 RCF 特别版

图 3-34   家用电能新物种概念车 ENTRANZE

3.10.5   日本东京车展

全新一代的丰田 Yairs 是以两门车形象为主的侧窗线条构成方式，通过上挑的下窗框线条，来尽可能多地压缩后窗的尺寸，以获得一种接近两门车的形象。如图 3-35 所示为 2019 年日本东京车展展示的新一代 Yairs，其混合动力系统如图 3-36 所示，在体积上缩小 9%。动力电池升级为锂离子电池，而且在纯电模式下，车辆的最高速度达到 130 km/h。除少一个插头之外，新一代丰田 Yairs 的混合动力系统已经远远超越了其他许多插电式混合动力系统。未来这将会是丰田旗下小型车混合动力系统的主力配置。如图 3-37 所示为全新一代 Yairs 的车架 GA-B。

图 3-35　新一代 Yairs

图 3-36　Yairs 混合动力系统

图 3-37　车架 GA-B

 思 考 题

3-1　欧洲的汽车公司有哪些？目前的发展前景如何？

3-2　美国著名的汽车公司有哪些？

3-3　中国著名的汽车公司有哪些？

3-4　国际知名的五大车展有哪些？

3-5　奥迪车标是什么图形？代表的含义是什么？

4 汽车新技术

在这个科技创新爆发的年代，汽车新技术亦层出不穷，有的已经得到运用，有的还处在调试阶段，有的则是未来概念。无论怎样，在汽车新技术方面，可以感受到工业文明的利处。

4.1 混合动力汽车

随着汽车工业的飞速发展，在汽车上应用的新技术越来越多，主要体现为通信技术、电子技术、传感器技术等在汽车上的应用，如微型计算机控制点火系统、燃油喷射系统、防抱制动、自动变速器及故障自动判断等。此外，防爆系统、电子控制气囊和安全带装置、雷达防振器、汽车防盗系统、前大灯自动接通与切断控制、汽车车身自动调平系统、电子控制动力转向系统等，也都得到了推广和使用。

混合动力汽车是目前社会应用很广的一种节能、低排放技术。混合动力系统拥有三种运行模式，即汽油机单独驱动模式、电动机单独驱动模式、汽油机电动机协同驱动模式。

并联动力方式：并联混合动力传动系统如图4-1（a）所示，变速器的前端有动力复合装置，将发动机和电动机连接在一起，动力复合装置为两个自由度的行星齿轮机构，汽车可由发动机和电动机共同驱动或各自单独驱动。当电动机只是作为辅助驱动系统时，功率可以小些。与串联式结构相比，发动机通过机械传动机构直接驱动汽车，其能量的利用率相对较高，这使得并联式比串联式混合动力传动系统的燃油经济性高。并联式混合动力传动系统最适合于汽车在城市公路和高速公路上稳定行驶的工况。由于并联式混合动力传动系统的发动机工况受汽车行驶工况的影响，不适用于汽车行驶工况变化较多、较大的场合。

串联动力方式：串联式混合动力传动系统如图4-1（b）所示。辅助动力单元由发动机和发电机组成，通常将这两个部件集成为一体。发动机带动发电机发电，其电能通过控制器直接输送到电动机，由电动机产生驱动力矩驱动汽车。电池实际上起平衡发动机输出功率和电动机输入功率的作用。串联式结构可使发动机不受汽车行驶工况的影响，始终在其最佳的工作区稳定运行，并可选用功率较小的发动机，因此可使汽车的油耗和排污降低。适用于在市内低速运行的工况。

混联动力方式：混联式混合动力传动系统是串联式与并联式的综合，如图 4-1（c）所示。发动机发出的功率一部分通过机械传动输送给驱动桥，另一部分则驱动发电机发电。发电机发出的电能输送给电动机或电池，电动机产生的驱动力矩通过动力复合装置传送给驱动桥。混联式混合动力传动系统的控制策略为汽车低速行驶时，传动系统主要以串联方式工作；汽车高速稳定行驶时，需要的功率大，以并联工作方式为主。

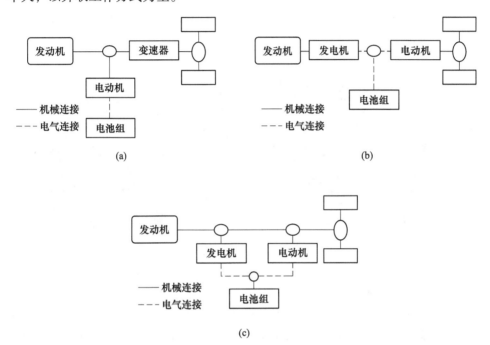

图 4-1　混合动力传动系统

（a）并联式混合动力传动系统；（b）串联式混合动力传动系统；（c）混联式混合动力传动系统

混合动力汽车的特点如下：

（1）与传统汽车相比，由于内燃机总是工作在最佳工况，油耗非常低。

（2）内燃机主要工作在最佳工况点附近，燃烧充分，排放气体较干净；起步无怠速（怠速停机）。

（3）不需要外部充电系统，一次充电续驶里程、基础设施等问题得到解决。

（4）电池组的小型化使其成本和重量低于电动汽车。

（5）发动机和电动机动力可互补；低速时可用电动机驱动行驶。

红旗 H7 汽车为混合动力汽车，其使用的涡轮增压发动机是自主研发的，CA6GV 发动机采用全铝轻量化设计概念，90°V 型夹角设计，使发动机具有紧凑的长度和高度尺寸以及较小的整机重量；2.0T 涡轮增压发动机带有缸内直喷技术，最大可以输出 145 kW 的功率和 280 N·m 的峰值扭矩。电动机的输出功率也达到了 40 kW。该车的动力性能有一定提升。CA6GV 为一款高端 V 型 6 缸发动机，采用 VIS 可变容积腔和可变长度塑料进气系统，结合 VVL 技术。

红旗 H7 汽车在电动机和发动机两者的配合之下，其油耗可以控制在 3.7 L 左右，该车动力系统由 2.0T 发动机和锂离子电池驱动的马达（40 kW）组成，将匹配 7 速双离合自动变速器。

丰田在混合动力这一技术上处于领先地位。如图 4-2 所示为日本混合动力发动机和中国玉柴 YC4G 混合动力发动机。

　　　　　　　(a)　　　　　　　　　　　　　　　　(b)

图 4-2　日本混合动力发动机（a）和中国玉柴 YC4G 混合动力发动机（b）

宝马 5 系 ActiveHybrid 使用了宝马高效混合动力技术，除采用 3.0 L 直列 6 缸双涡管单涡轮增压发动机外，还有 56 马力（1 米制马力 = 735.49875 W）纯电动驱动，如图 4-3 所示。5 系 ActiveHybrid 车速在 3.4~30 km/h，将全部采用纯电动驱动模式行驶，以达到最好的燃油经济性，成为节能环保车型。插电式混合动力成为宝马的主要新能源配置方式。

图 4-3　3.0 L 直列 6 缸双涡管单涡轮增压发动机

4.2 纯电动汽车

纯电动汽车与内燃机汽车（传统汽车）相比取消了发动机，底盘上的传动机构发生了改变，根据驱动方式不同，有些部件已被简化或省去；传统汽车动力系统的冷却系统、润滑系统、燃料系统、启动系统、点火系统、传动系统都发生了改变，由新能源动力系统替代，增加了电源系统和驱动电机系统等。如图 4-4 所示为电动汽车与传统汽车的区别。

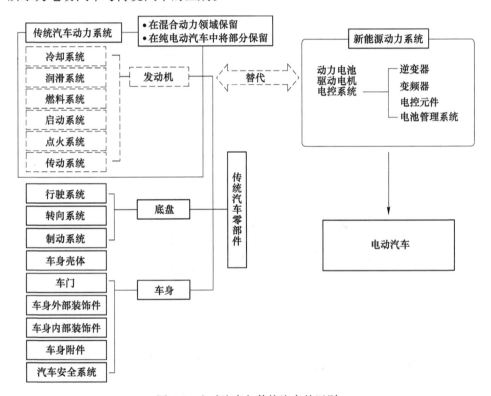

图 4-4   电动汽车与传统汽车的区别

典型纯电动汽车主要包括电源系统、驱动电机系统、整车控制器和辅助系统等。动力电池输出电能，通过电机控制器驱动电机运转产生动力，再通过减速机构，将动力传给驱动车轮，使电动汽车行驶。

电机控制器是一个既能将动力电池中的直流电转换为交流电以驱动电机，同时具备将车轮旋转的动能转换为电能（交流电转换为直流电）给动力电池充电的设备。如图 4-5 所示的电动汽车底盘结构展示了动力电池安装配置。如图 4-6 所示为动力电池控制器安装配置。如图 4-7（a）所示为蔚来电动汽车三合一永磁

同步电机，如图 4-7（b）所示为蔚来电动汽车车身，如图 4-8 所示为吉利帝豪
EV300 电机控制器电气系统原理图。如图 4-9 所示为荣威 E50 驱动电机控制器高
压线束布置图。

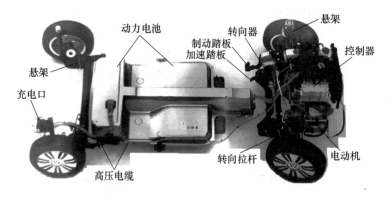

图 4-5　动力电池安装配置

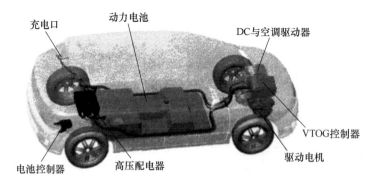

图 4-6　动力电池控制器安装配置

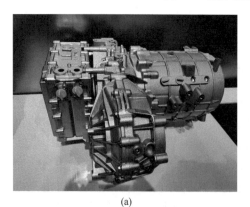

(a)

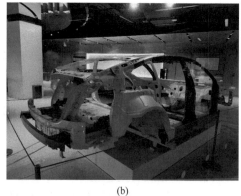

(b)

图 4-7　蔚来电动汽车三合一永磁同步电机（a）和车身（b）

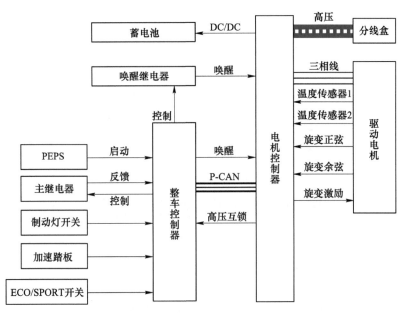

图 4-8 吉利帝豪 EV300 电机控制器电气系统原理图

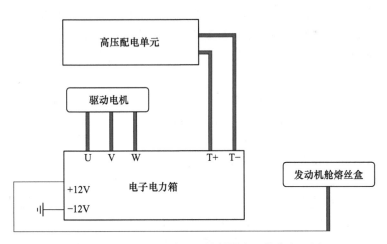

图 4-9 荣威 E50 驱动电机控制器高压线束布置图

车辆制动或滑行阶段，电机作为发电机应用。它可以完成由车轮旋转的动能到电能的转换，给电池充电。DC/DC 集成在电机控制器内部，其功能是将电池的高压电转换成低压电，为整车低压系统供电。

4.3　智能驾驶技术

美国汽车工程师协会将自动驾驶技术进行了分级，如图 4-10 所示，这是目前国际公认的界定。Level0 属于传统驾驶，Level1 和 Level2 属于驾驶辅助，Level3～Level5 属于自动驾驶。Level5 自动驾驶技术也称为无人驾驶。

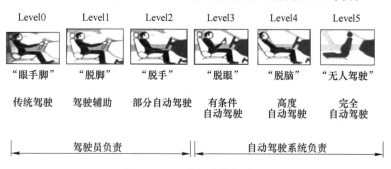

图 4-10　自动驾驶技术分级

无人驾驶汽车是通过车载环境感知系统感知道路环境、自动规划和识别行车路线并控制车辆达到预定目标的智能车辆。无人驾驶汽车是由传感器、计算机、人工智能、无线通信、导航定位、模式识别、机器视觉、智能控制等多种先进技术融合的综合体。无人驾驶汽车是汽车智能化、网络化的终极发展目标，因此需要更加先进的环境感知能力、中央决策系统以及底层控制系统。

汽车智能化技术主要包含计算机、现代传感器、信息融合、通信、人工智能及自动控制等。

智能汽车有一套导航信息资料库，存有全国高速公路、普通公路、城市道路以及各种服务设施（餐饮、旅馆、加油站、景点、停车场）的信息资料；GPS定位系统，利用这个系统精确定位车辆所在的位置，与道路资料库中的数据相比，确定以后的行驶方向；道路状况信息系统，由交通管理中心提供实时的前方道路状况信息，如堵车、事故等，必要时及时改变行驶路线。

智能驾驶技术是汽车未来发展的主要趋势，智能汽车主要由环境感知部分、智能汽车底盘运动控制算法、硬件电路以及执行机构组成。其中环境感知部分由激光雷达、RGB-D 相机、编码器等组成。智能汽车平台通过单线激光雷达、RGB-D 相机等获取环境中的特征信息，使用编码器获取智能汽车的轮速信息。

4.3.1　智能驾驶核心层

4.3.1.1　智能驾驶核心层组成
自动驾驶核心技术主要分为环境认知层、决策规划层、控制层和执行层。

环境认知层主要通过激光雷达、毫米波雷达、超声波雷达、车载摄像头、夜视系统、GPS、陀螺仪等传感器获取车辆所处环境信息和车辆状态信息，具体来说包括车道线检测、红绿灯识别、交通标识牌识别、行人检测、车辆检测、障碍物识别和车辆定位等。

决策规划层则分为任务规划、行为规划和路径规划，根据设定的路径规划、所处的环境和车辆自身状态等规划下一步具体行驶任务（车道保持、换道、跟车、超车、避撞等）、行为（加速、减速、转弯、制动等）和路径（行驶轨迹）。

控制层和执行层则基于车辆动力学系统模型对车辆驱动、制动、转向等进行控制，使车辆跟随所制定的行驶轨迹。如图 4-11 所示为环境感知元器件在智能车上的应用。

图 4-11　环境感知元器件在智能车上的应用

4.3.1.2　环境感知元器件的作用

常用的环境感知元器件有激光雷达、各种传感器、毫米波雷达、视频摄像头等。

激光雷达可以分为两大类：机械式激光雷达和固态激光雷达。机械式激光雷达采用机械旋转部件作为光束扫描的实现方式，可以实现大角度扫描，但是装配困难、扫描频率低。固态激光雷达作为自动驾驶的核心传感器之一，在智能汽车上得到了广泛应用。激光雷达一般应用于前向探测，采用一个前向或两个分布在汽车前杠两侧的前向激光雷达方案，解决前向长距离探测的问题。一般标准车载雷达以三前一后的布局，负责探测较远处的固定路障。

激光雷达或者激光测距仪能够及时精确地绘制出周边一定范围内的 3D 地形图，并上传至车载电脑中枢。

视频摄像头用以侦测交通信号灯以及行人自行车、骑行者等车辆行驶路线上遭遇的移动障碍。

高速测速摄像头可分为数字摄像头和模拟摄像头，在摄像头旁边会有黑色方板状的雷达测速器，高速测速摄像头是一种先进的相机，里面有一个驱动电机可以360°旋转拍摄，一般在道路右侧或道路中间部位比较常见。高速测速摄像头主要是用来测速并抓拍超速车辆的，如图4-12所示。

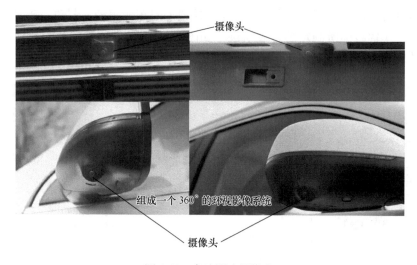

图4-12　高速测速摄像头

高速测速摄像头的工作原理：

数字摄像头的工作原理是将视频采集设置产生的模拟视频信号转换成数字信号，再将其储存在计算机里。

模拟摄像头的工作原理是将捕捉到的视频信号经过特定的视频捕捉卡，再将模拟信号转换成数字模式，压缩以后才可以转换到计算机上运用。

相机：深度相机 Kinectv1 和 Kinectv2 由 3 个摄像头和 4 个麦克风构成。相机的麦克风都安装在相机的两侧，除了能够定位声音的源头方向外，还能够将背景噪声滤除掉。3 个摄像头分别为 RGB 摄像头、红外摄像头和红外投影机，如图 4-13（a）所示为 Kinectv1 相机各部件的位置，如图 4-13（b）所示为 Kinectv2 相机各部件的位置。RGB 摄像头用来采集彩色图像，红外摄像头用来接收红外投影机发射的近红外光线，并根据不同的原理计算物体的深度值。

两款深度相机获取深度信息的原理：Kinectv1 相机根据结构光原理计算物体的距离；Kinectv2 相机根据 TOF 原理计算物体的距离。两者性能参数的对比情况见表 4-1。

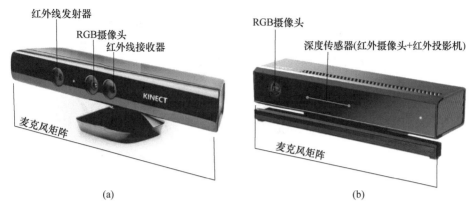

图 4-13　Kinectv1 和 Kinectv2 的基本结构

（a）Kinectv1 相机；（b）Kinectv2 相机

表 4-1　Kinectv1 和 Kinectv2 相机的参数对比

项　　目		Kinectv1	Kinectv2
颜色	分辨率	640×480（32bits）	1920×1080（32bits）
	帧率/fps	30	30
深度	分辨率	320×240（16bits）	512×424（16bits）
	帧率/fps	30	30
检测范围/m		0.8~6.0	0.5~4.5
深度误差		2~30 mm	<0.5%
角度/(°)	水平	57	70
	垂直	43	60

利用 TOF 原理计算物体深度的 Kinectv2 相机的彩色图像和深度图像的分辨率都比利用结构光原理计算物体深度的 Kinectv1 相机的分辨率高，并且检测的深度范围和垂直、水平角度的范围也都相较更广，最重要的是检测的深度值精度更高。

微型传感器负责监控车辆是否偏离了 GPS 导航仪所制定的路线。

汽车上使用的传感器有很多种，如压力传感器、温度传感器、测距传感器、转角传感器、爆振传感器、位置传感器等，如图 4-14（a）所示为智能排温传感器，如图 4-14（b）所示为曲轴位置传感器。

如图 4-15（a）所示的宝马前部和后部保险杠内各有 4 个超声波传感器。图 4-15（b）为前后超声波传感器。

自动驾驶车上还装有电脑资料库，精确存储每条公路的限速标准以及出入口位置，如果处于一名司机的操控下，中央处理系统还会通过扬声器以柔和悦耳的

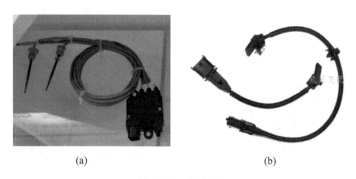

(a)　　　　　　　　　　　　　(b)

图 4-14　传感器

（a）智能排温传感器；（b）曲轴位置传感器

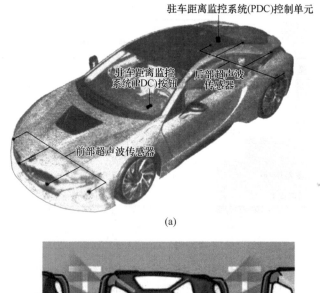

(a)

(b)

图 4-15　宝马驻车距离监控传感器（a）和前后超声波传感器（b）

女声发出"类似接近十字路口，小心行人"的提示。

4.3.2　路径规划技术

智能车的路径规划是根据行为决策部分做出的决定来进行的，首先确定此次行驶的起始位置和目标位置，其次智能车通过实时感知环境来确定可以行驶的区域，规划出可行的路线。根据环境信息的来源不同，路径规划又可以分为基于先验地图信息的全局路径规划和基于车载传感器信息的局部路径规划。

路径规划从功能上可分为全局路径规划和局部路径规划。全局路径规划是根据已获得的电子地图、起始点和终点的信息，采用适当的路径搜索算法搜索出一条最优化的（用时最少，路径最短）全局期望路径。其可以是车辆在行驶之前就已经在离线的状态规划出行驶的路径，适用于道路环境已知且不会发生变化的情况下；也可以在行驶的过程中随时进行重新规划，道路环境以及道路上的障碍物会随时发生不确定的变化。

4.3.3 融合算法

无人驾驶车辆对外部环境的感知必须通过传感器进行，进而通过算法来对传感器获得的信息进行融合。基于多边形板（polygonal planar board）的方法，解决了相机与激光雷达的标定问题。基于点云反射强度的角点提取方法，使得相机与激光雷达融合的结果更加精确。谷歌（Google）和特斯拉（Tesla）作为世界顶级的无人驾驶公司，也是采用多种传感器融合的方案完成无人车的环境感知，例如特斯拉的主要技术路线为 12 个超声波传感器、8 个环绕摄像头和 1 个毫米波雷达。国内无人驾驶第一梯队的百度 Apollo 传感器方案为激光雷达+毫米波雷达+相机的融合方案。华为极狐阿尔法 S 则在车身上搭载了 3 个激光雷达、12 个摄像头。

对多传感器系统来说，不同的传感器所采集到的数据信息类型和保存的数据格式都是不同的，故使用的融合方法往往要求具有一定的鲁棒性和并行处理数据的能力。

RTAB-Map 算法是基于外观的实时建图方法，是一种开放式的基于视觉的 SLAM 技术，其设计目标是实现实时 SLAM，能够以低的功耗和有限的计算能力（如智能手机、机器人和小型机器人）去构建地图和确定位置，RTAB-Map 基于 Optimized Graph 格式组合了激光雷达和摄像头，特别可以与 RGB-D 相机如 Kinect 一起使用，而且其字典学习算法将提供卓越的抗干扰能力和路径优化。它包含了一系列功能，可以在几乎所有的操作系统上使用，多节点空间可视化，进行导航和 3D 空间重构，以及其他内置的 SLAM 功能。

RTAB-Map 实质上是一个融合框架，包含了常用的卡尔曼滤波法及多贝叶斯估计法，通过内存管理方法实现回环检测。限制地图的大小以使得回环检测始终在固定的时间限制内处理，从而满足长期和大规模环境在线建图要求。

4.3.4 未来中国汽车前沿技术

2023 年，中国汽车工程学会提出未来 3~5 年中国汽车十大前沿技术，包括：

（1）高安全、高比能全固态锂电池。

（2）基于驾舱融合的智能计算芯片。

（3）车路云一体化融合控制系统。

（4）零碳内燃机。

（5）驱动电机用新型软磁材料。

（6）智能网联汽车场景数据库。

（7）智能电动车用电子机械式线控制动。

（8）基于规则+学习的融合型决策算法。

（9）智能驾驶操作系统。

（10）高温质子交换膜（HT-PEM）燃料电池。

中国汽车十大技术趋势如下：

（1）中央计算电子电气架构解决方案将实现重大突破。

（2）360 W·h/kg 混合固液动力电池将实现小规模量产。

（3）车桩协同大功率超充（HPC）技术放量普及。

（4）冗余转向系统技术突破将满足 L3 级以上自动驾驶的控制需求。

（5）千兆车载以太网将在多车型中实现前装标配。

（6）高性能无线短距通信技术将实现上车搭载应用。

（7）铝合金免热处理一体化压铸技术应用有望迎来快速增长。

（8）纯固态 Flash 激光雷达将在补盲领域迎来量产。

（9）70 MPa Ⅳ型储氢瓶将实现小规模搭载应用。

（10）混合动力专用发动机最高热效率将突破 45%。

4.4　传　动　技　术

变速箱目前发展趋势有两个：一是节油技术，主要是无级变速 CVT（continuously variable transmission）技术的融入；二是双离合器变速箱，使换挡速度提高了，而且更加稳定。

4.4.1　无级变速器

变速器的功用是改变汽车的行驶速度和转矩，利用倒挡实现倒车，利用空挡暂时切断动力传递。变速器通常按照传动比和操纵方式来分类。按照传动比分类有有级式变速器、无级式变速器和综合式变速器。按照操纵方式分类有强制操纵式变速器（手动变速器）、自动操纵式变速器和半自动操纵式变速器。

有级式变速器：其传动比在一定范围内为有限个固定值，不连续变化。

无级式变速器：无级变速 CVT 技术，其传动比在一定的范围内可连续多级变化，根据传力介质的不同常见的有电力式、液力式（动液式）和机械式。液力式通常采用液力变矩器，通过改变液流方向和速度来改变转矩和转速的大小。电力式通常采用直流串激电动机，通过改变输入电流的大小从而改变电动机输出转矩和转速的大小。机械式有带传动式和链传动式，带传动采用可变带轮直径的V带传动，链传动采用可变链轮直径的链传动。

综合式变速器：它是指由液力变矩器和齿轮式有级变速器（通常是行星齿轮变速器）组成的液力机械式变速器，其传动比可在最大值和最小值之间的几个间断范围内做无级变化。利用液力变矩器的无级变速、齿轮变速器传动效率高的特点工作，该类变速器的综合性能好，目前应用较多。

无级变速器采用传动带和工作直径可变的主动轮、从动轮相配合来传递动力，可以实现传动比的连续改变，从而得到传动系统与发动机工况的最佳匹配。无级变速器与常见的液压自动变速器最大的不同是在结构上：后者由液压控制的齿轮变速系统构成，是有挡位的，它所能实现的是在两挡之间的无级变速；而前者则是由两组变速轮盘和一条传动带组成的，相比于传统自动变速器结构简单、体积更小。另外，无级变速器可以自由改变传动比，从而实现全程无级变速，使车速变化更为平稳，没有传统变速器换挡时那种"顿"的感觉。

无级变速器的特点：后备功率大，其动力性能优于传统手动变速器和自动变速器；经济性好；装有CVT的汽车行驶平顺性好，乘坐舒适；在变速过程中无需中断动力传输，可以大幅减轻驾驶员的劳动强度，提高了汽车的操纵稳定性，而且降低了排放和成本。无级变速器的传动比是连续的，不会产生跳跃换挡的现象，因此动力传输连续顺畅，但动力传递能力有限，目前只能应用在中、小功率的车辆上。

并联式混合动力自动变速器的结构如图4-16所示，电动机1、带有锁止离合器的液力变矩器2、8速行星齿轮自动变速器3在发动机之后，同轴线依次排列。电动机具有电动和发电功能，相当于在发动机和变速器之间加装了一部电动机。

行星齿轮自动变速器与传统的自动变速器的机械结构相似。带有锁止离合器的液力变矩器通过片式离合器（多片摩擦湿式离合器）锁止。带有锁止离合器的液力变矩器将发动机的动力传递给行星齿轮自动变速器，在ECU控制下，自动变速，利用液力变矩器平稳起步后，将离合器锁止，继续行驶。汽车爬坡时，ECU控制电动机输出动力给自动变速器，汽车下坡或制动时，ECU将电动机变为发电机，将动能变为电能，储存于蓄电池中。

混联式混合动力自动变速器的结构如图4-17所示，应用在宝马X6上，自动变速器包括行星齿轮组1、行星齿轮组2、行星齿轮组3、片式离合器1、片式离合器2、片式离合器3、片式离合器4、电动机A（EMA）、电动机B（EMB）等。

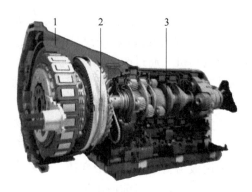

图 4-16　并联式混合动力自动变速器

1—电动机；2—带有锁止离合器的液力变矩器；3—8 速行星齿轮自动变速器

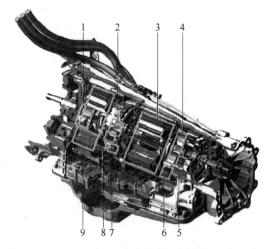

图 4-17　宝马 X6(E72) 混联式混合动力自动变速器

1—行星齿轮组 1；2—行星齿轮组 2；3—电动机 B；4—行星齿轮组 3；5—片式离合器 2；
6—片式离合器 1；7—片式离合器 3；8—片式离合器 4；9—电动机 A

4.4.2　低扭矩双离合变速器

双离合变速器（dual clutch transmission，DCT）有别于一般的自动变速器系统，它基于手动变速器而不是自动变速器，除了拥有手动变速器的灵活性及自动变速器的舒适性外，还能提供无间断的动力输出。

传统的手动变速器使用一台离合器，当换挡时，驾驶员踩下离合器踏板，使不同挡的齿轮做出啮合动作，而动力就在换挡期间出现间断，令输出表现有所断续。

DCT 的核心技术掌握在美国博格华纳 （BorgWarner） 和德国舍弗勒

（Schaeffler）集团手中。博格华纳是大众第一代六速 DSG（大众的 DCT）关键技术的提供者，为大众 DSG 提供湿式双离合。低扭矩双离合变速器又称为直接换挡变速器。如图 4-18 所示为奥迪 7 速双离合变速器结构图。

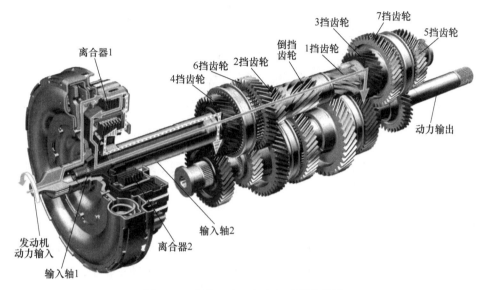

图 4-18 奥迪 7 速双离合变速器结构图

双离合变速器起源于赛车运动，该项技术经过十几年的发展完善，已经成熟。与采用液力变矩器的传统自动变速器相比，由于 DSG 的换挡更直接、动力损失更小，所以其燃油消耗可以降低 10%以上。

4.4.3 米其林主动车轮

主动车轮（active wheel）不再是简单的金属圈与橡胶的结合体，而是内置了马达、刹车、悬挂的"无人机动车"。如图 4-19 所示为米其林主动车轮。图 4-20 为采用米其林主动车轮的小型车。

米其林公司开发出一款主动车轮，几乎为道路交通开启了一个新的时代。这款主动车轮在车轮中集成了一个小型的牵引引擎和一个电子悬挂系统，是一款无需汽油就能驱动汽车前行的智能车轮，同时还具有悬挂和制动功能。

图 4-19 米其林主动车轮

主动车轮拥有两个电动机：其中一个向车轮输出扭矩；另一个则用于控制主动悬架系统，从而改善车辆的舒适性、操控性和稳定性。米其林推出主动车轮的主要目的是与电动汽车配套。因为相比普通内燃机汽车，电动汽车装配的电池占

图 4-20　采用米其林主动车轮的小型车

据较大的空间，直接影响动力装置的配置，也影响到了乘坐的空间。另外，电动汽车有一个问题，即万一电池没有能量输出了车辆该如何控制，主动车轮可以解决这个问题。如图 4-20 所示的小型车只有前轮采用了米其林主动车轮，两个后轮依然是普通车轮。

2021 年，米其林公司展出的一款主动车轮没有传统的传动轴、变速箱和悬挂系统，也没有引擎装置，所有的装配部件都组合到了主动车轮中，这种组合方法不仅减少了底盘的重量，还提升了许多汽车的性能优势。

2023 年 1 月，米其林公司推出免充气轮胎，有 50~60 辆 DHL 在新加坡的运输车队使用米其林的免充气轮胎。

4.5　车辆安全控制技术

随着汽车时代的到来，人们的生活因汽车的普及而愈加便利，但是同时汽车也带来了严重的威胁——交通安全事故。交通安全，已经成为汽车社会摆在人们面前的一个无法回避的重要问题。

4.5.1　汽车主动安全与被动安全技术

视认特性：驾驶员在行车中所感觉到的道路、车辆等信息的准确性将直接影响汽车的主动安全性。良好的视认特性是汽车主动安全性的重要组成部分。汽车在行驶过程中，大约 95% 以上的外部环境信息是通过人眼的观察来进行收集的。视认特性包括视野性能、被视认性、防眩目性等。其中视野性能包括前方视野、后方视野以及特殊环境下的视野性能，被视认性则通过车辆示宽、紧急闪烁、报警、反射等信号装置加以实现。

车辆底盘电子综合控制技术：该技术是汽车主动安全技术中非常重要的项目，也是世界各大汽车公司显示其技术实力的重要方面。驾驶员驾车的过程就是人、车和环境三者之间信息交流的过程，构成人-车-环境信息流的闭环系统，车辆性能的完善取决于闭环系统中的人、车和环境三者之间相互协调与各自特性的最佳匹配，即实现系统内驾驶员行为特性、车辆机械特性以及道路设施和交通法规之间的最优协调，以追求系统整体的最佳效益。

信息传递技术：信息传递技术是在世界汽车机电一体化的大背景下发展起来的，是以计算机和通信技术为核心的新技术。驾驶员在操纵和控制汽车时，必须不断地从各方面获得所需要的信息。信息传递系统收集的人、车和环境三者的信息经过处理器处理后，除了服务于车辆底盘电子综合控制装置外，还可以输出对驾驶员更加有用的深加工信息，甚至包括驾驶员注意力状况，并用数据或图像显示，帮助驾驶员更加完整地获得信息，及时处理各种情况。

汽车上应用的主动安全新技术主要有德国的电子稳定程序 ESP、日本丰田的车身稳定控制 VSC、安全车身结构、防撞安全技术等。

被动安全系统是指在交通事故发生后尽量减小损伤的安全系统，包括对乘客和行人的保护如乘客约束系统和安全气囊技术、汽车翻滚保护系统、头部保护系统、电池线路切断装置等。

4.5.2　ABS 防抱死制动系统

ABS 既有普通制动系统的制动功能，又能防止车轮锁死，使汽车在制动状态下仍能转向，保证汽车的制动方向稳定性，防止产生侧滑和跑偏，是目前汽车上最先进、制动效果最佳的制动装置。

ABS 的不断升级，让刹车稳定性提高和刹车距离减小，大量辅助驾驶芯片加入行车电脑让汽车更加容易操控。

汽车防抱死系统一般由车轮速度传感器、发动机速度传感器、电磁阀、计算机（电脑）和液压控制单元（液压调节器）组成。防抱死系统的特点主要有4 个：

（1）增加制动时的稳定性。汽车在制动时，4 个轮子上的制动力是不一样的。如果汽车的前轮先抱死，驾驶员就无法控制车轮的行驶方向，容易出现撞车的危险。倘若汽车的后轮先抱死，则会出现侧滑、甩尾，甚至出现汽车"掉头"的严重事故。ABS 可防止 4 个轮子制动时被完全抱死，从而提高了汽车在制动过程中的稳定性。

（2）能缩短制动距离。在紧急制动的状态下，ABS 能使车轮处于既滚动又拖动的状况，拖动的比例占 20% 左右，这时轮胎与地面的摩擦力最大，即所谓的最佳制动点或区域。普通的制动系统无法做到这一点。

（3）防止轮胎过度磨损。车轮完全抱死会造成轮胎磨损，轮胎表面磨耗不均匀，使轮胎损耗增加。经测定，汽车在紧急制动时车轮抱死所造成的轮胎累加磨损费，已超过一套防抱死制动系统的造价。

（4）使用方便，工作可靠。ABS 系统的使用与普通制动系统的使用几乎没有什么不同，制动时只要把脚踏在制动板上进行正常的制动即可。遇到雨雪路滑，驾驶员再也没有必要用一连串的点刹车方式进行制动，ABS 会使制动保持在最佳点。需要注意的一点是：ABS 工作时，驾驶员会感到制动踏板有颤动，并听到一些噪声，都属于正常现象，不用过分紧张。ABS 工作十分可靠，并有自诊断能力。

现今全世界已有本迪克斯、波许、摩根·戴维斯、海斯·凯尔西、苏麦汤姆、本田等许多公司生产 ABS。

4.5.3　制动能量回收系统

制动能量回收系统（braking energy recovery system）是一种应用在汽车或者轨道交通上的系统，能够将制动时产生的热能转换成机械能，并将其存储在电容器内，在使用时可迅速将能量释放。

安装有制动能量回收系统的四轮轮毂电机驱动的纯电动汽车如图 4-21 所示。该系统可将车辆的动能转换成电能，并利用其动力给蓄电池充电，由此降低蓄电池对于发动机动力的需求，从而显著降低油耗。宝马 5 系 ActiveHybrid 配置了制动能量回收系统。

图 4-21　安装有制动能量回收系统的纯电动汽车

大众电动汽车的 eBKV 制动系统采用了制动系统蓄压器。带制动能量回收的制动系统立体结构示意图如图 4-22 所示。可实现制动能量回收的制动系统包括电子机械式制动助力器（eBKV）、串联式制动主缸、制动系统蓄压器 VX70、三相电流驱动装置 VX54、电动装置的功率和控制电子装置 JX1。

樊百林等发明的利用重力势能发电的机动车，具有动力能量回收系统。该机动车包括车底、固定架、滑动轴、外部保护壳、传动轴、发电装置。

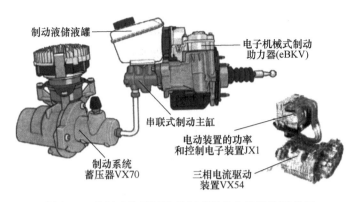

制动液储液罐

电子机械式制动
助力器(eBKV)

串联式制动主缸

电动装置的功率
和控制电子装置JX1

制动系统
蓄压器VX70

三相电流驱动
装置VX54

图 4-22 带制动能量回收的制动系统立体结构示意图

4.5.4 碰撞报警系统

碰撞报警系统是碰撞避免系统发展的初级阶段。当该系统探测到有可能与其周围的车辆/物体出现碰撞危险时,它就向驾驶员发出警报,从而使驾驶员有时间做出相应的反应,以避免车祸的发生。报警可以通过声音或图像信号来实现,信号强度随紧急程度而变。该系统只会报警,不会自动减速。

碰撞报警系统有多种形式。一种系统中,汽车前方装有物体探测装置,测量本身车辆与前方车辆/物体的距离,当该汽车与前方车辆的距离处于危险范围,表示碰撞将有可能发生,系统就向驾驶员发出警报。另一种系统中,汽车两侧面装有传感器,探测本身车辆与两边邻近行车道上车辆/物体的距离,加强驾驶员换道时的安全性,一般称为盲区探测系统。

如图 4-23 所示为车道变更警告系统雷达传感器的安装位置,车道变更警告系统应用于宝马 7 系 F02 车辆。车道变更过程中该功能可为驾驶员提供支持。为此,车道变更警告功能通过两个雷达传感器监控后方和侧面路况。车道变更警告系统可识别出本车车道变更时可能存在危险的交通情况,随后分两个等级提醒和警告驾驶员。这种交通情况例如远处车辆快速从后方驶近本车,这些车辆随即进入"车道变更区域"。驾驶员很难对这些情况做出判断,特别是在光线阴暗的情况下,而雷达传感器工作时完全不依赖于光线强度,因此车道变更警告系统可为驾驶员提供有效支持。

4.5.5 倒车辅助系统

倒车辅助系统是最简单并且是最早得到应用的碰撞报警系统。这种系统在汽车的后面装有传感器,探测汽车尾部与其他物体之间的距离,仅仅在汽车倒车时工作。报警一般是通过声音来实现,而且声音的频率会随着距离的缩短而变得越

图 4-23   车道变更警告系统雷达传感器的安装位置

1—副控单元探测范围；2—副控单元；3—中部导向件；4—主控单元；5—主控单元探测范围；
6—副控单元对称轴；7—主控单元对称轴；8—车辆纵轴；9—水平工作角度

发急促。由于报警系统不具备控制车速的功能，也不会主动帮助驾驶员改正行车方向，所以它不需要与别的系统联网交流，因此不需依赖其他控制系统而独立存在，并往往在售后服务站作为附件安装。

通过总线系统 K-CAN 和 MOST 控制 RFK。CCC 执行网关功能。通过一个单独的视频装置（FBAS，RGB）将视频信号发送至 CCC。该处使用现有 LVDS 插头。E70 倒车信号输入输出关系如图 4-24 所示。

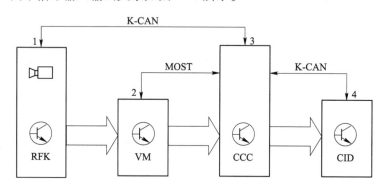

图 4-24   E70 倒车信号输入输出关系

1—倒车影像系统；2—视频模块（选装），根据国家规格或配置型号使用不同的视频模块；
3—车辆通信计算机；4—中央信息显示屏；K-CAN—车身 CAN；MOST—多媒体传输系统

倒车影像系统用于在进入/离开停车位置和掉头时为驾驶员提供帮助。除提供车辆尾部区域的优质广角图像外，该系统还包括一系列附加的用户功能。倒车摄像机探测范围如图 4-25 所示。

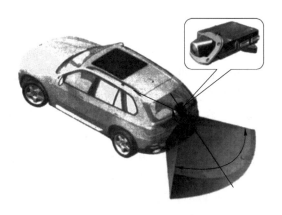

图 4-25　倒车摄像机探测范围

4.5.6　碰撞避免系统

碰撞避免系统是目前正在开发的更高一级的主动安全系统，是基于自动行驶系统和碰撞报警系统发展起来的。在必要时，该系统能够主动地辅助驾驶员，达到避免与其他汽车碰撞或偏离行车道的目的。该系统中，汽车各部都装有传感器。当系统监测到有可能出现碰撞危险时，它不仅能够像自动行驶系统一样辅助驾驶员控制车速，同时也能够帮助驾驶员改正行车方向，使之避免与前面或两边的汽车/物体发生碰撞。该系统还会主动辅助驾驶员以防止不小心驶离行车道这种情况的发生。

日本丰田 NS4 概念车属于插电式混合动力车，该新车展示了丰田公司在新能源与安全领域的最新技术，配置先进的人机界面（HMI）信息娱乐系统，以及能够全景展示车后景象的侧景摄像头等安全技术的装备。中控台上安装了一个触摸屏，能够操控空调系统、音频系统和 iPod 等装置，具有预碰撞探测系统、新的盲点监控器以及主动式的前大灯。

丰田 NS4 概念车还配备了包括新一代 PCS 预碰撞系统、ADB 自适应大灯、BSM 盲点监控、车道偏离和 PCS 行人防撞预警系统等新安全性配置，如通过车头雷达与立体摄像头探测车辆前方行人与车辆情况，当系统发现危险时会自动报警，必要时会自动采取制动。NS4 还采用了由特殊材质打造的车窗，可有效防止UVA 与 UVB 射线，同时有防雾和淡化雨滴的效果。丰田 NS4 概念车燃油经济性、提速性能都较好，并有更长的纯电动续驶里程，同时还将保持较短的充电时间。

4.5.7　预防碰撞安全系统

预防碰撞安全系统针对跟车、倒车、前进入库、变线、车道偏移等几种容易发生事故的情况，利用先进的电子监测和控制系统及时纠正车辆行驶状态，最大限度地降低碰撞风险。其中很多技术已经被广泛应用于中高级车上。

如果其他车辆从后部接近并进入可探测距离内时，车道变更辅助系统（如图4-26所示）将向驾驶员发出警告，通过这种方式在超车或变更车道过程中为驾驶员提供帮助，因此可以避免在高速公路和类似高速公路的道路上变道发生事故。通过信息娱乐系统（CAR）（菜单—设置—驾驶员辅助系统）开启或关闭，或者通过仪表中的驾驶员辅助系统菜单开启和关闭，探测区域有效范围。控制单元内的传感器监控整个区域并通过雷达波识别此区域内的物体，通过相应的车道变更辅助系统控制单元（J769或J770）可以识别这些物体，并计算出多长时间后可能会发生碰撞。由此可以判定，此物体是否恰好"游离"于死角区域内正缓慢驶离或逐渐靠近。

车道变更辅助警告灯

图4-26　车道变更辅助系统

4.5.8　泊车辅助系统

泊车辅助系统可以帮助驾车者轻松停入路边的侧向停车位，借助车身周围的雷达，系统自动识别车位，指挥驾车者挂入倒挡，自动控制方向盘，驾车者只需控制刹车即可，操作起来十分方便。奔驰、大众、雷克萨斯等众多厂商都在旗下高端车型或高配车型上配备了这一系统。宝马7系F02泊车系统组成如图4-27所示。

4.5.9　智能启停系统

GSG（Geely Stop-Go）是吉利新车上装备的一项技术，国外叫Start/Stop，即启停技术，主要作用是降低油耗。

宝马5系除了使用油电混合系统来提高经济性外，5系ActiveHybrid还配置了智能启停系统以及Eco Pro节能驾驶模式等。如图4-28所示为自动启停面板。

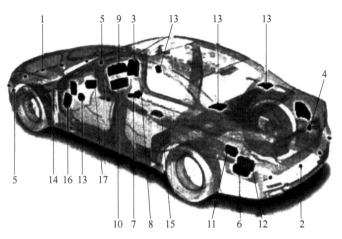

图 4-27　宝马 7 系 F02 泊车系统组成

1—驻车距离监控系统（PDC）前保险杠内的 5 个超声波传感器；2—驻车距离监控系统（PDC）
后保险杠内的 4 个超声波传感器；3—带有集成式 PDC 控制单元的接线盒电子装置；4—倒车摄像机；
5—左侧/右侧测视系统摄像机；6—TRSVC 控制单元；7—PDC/倒车摄像机接通（关闭）按钮和测视系统
接通（关闭）按钮；8—PDC/倒车摄像机接通（关闭）按钮和测视系统接通（关闭）按钮的控制单元；
9—中央信息显示屏（CID）、PDC/倒车摄像机/测视系统显示屏；10—车辆信息计算机（CIC）进行数据
处理用于在 CID 内显示；11—视频开关（VSW）；12—音响放大器（高保真）PDC 声音距离警告；
13—左前/右前、左后/右后扬声器 PDC 声音距离警告；14—中央网关模块（ZGM）；15—集成式底盘
管理系统（ICM）车速信号；16—脚部空间模块（FRM）；17—便捷进入及启动系统（CAS）

图 4-28　自动启停面板

　　GSG 智能启停系统是在遇到交通拥堵等路况需要怠速等待时，实现发动机自动停机，减少油料消耗，停止无谓的废气排放；需要行进时，重新踩下离合或者油门，发动机自动快速启动，无需再次用钥匙点火。整套系统既实现了怠速停机，又无需频繁手动点火熄火，不改变日常驾驶习惯。

　　帝豪 EC7 便搭载了 GSG 智能启停系统。帝豪 EC7 GSG 版在中控台最下方多

了一个怠速启停系统主开关，左侧是怠速启停功能的指示灯，驾驶者可以根据需要控制开启怠速启停功能。驾驶者还可以通过操作启停系统主开关关闭自动启停功能。实际测试表明：在较拥堵的城市工况下，使用智能启停系统的轿车，燃油消耗可降低 5%~10%、减少二氧化碳排放 4%，节能效果可达 10%~15%，还能减少噪声污染和发动机积炭。搭载 GSG 的帝豪 EC7 不仅能为环保出一份力，还可以让消费者获得更为经济的驾驶体验。

4.6　人机交互智能技术

4.6.1　人机交互

现在的汽车集成了很多传感器、电控单元以及电脑系统，实现了人机互动。比较有代表性的人机交互系统可以实现语音控制、一键呼救、话务员服务、上网冲浪、实时路况、对讲、GPS 防盗、车况检修等一系列丰富实用的功能，性能堪比小型的物联网，给外出带来极大的便利。

4.6.2　多媒体通信娱乐系统

SYNC 车载多媒体通信娱乐系统是由福特与微软公司共同开发的，是集成于整车的多媒体网关模块。

SYNC 是高度集成且具备语音识别的车载信息交互平台，消费者可以通过 SYNC 系统，借助蓝牙技术或是 USB 连接技术，将手机或随身音乐播放器与新福克斯连接。车主可以通过在方向盘上的多功能按键或是语音来操作 SYNC 系统，播放自己喜欢的音乐，或是拨打/接听电话，同时做到双眼不离路面，双手不离方向盘。

4.6.3　夜视系统

夜视系统是一种源自军事用途的汽车驾驶辅助系统。在这个辅助系统的帮助下，驾驶者在夜间或弱光线的驾驶过程中将获得更高的预见能力。它能够针对潜在危险向驾驶者提供更加全面准确的信息或发出早期警告。

利用在热感成像相机上的成像来提高黑暗中的安全。宝马认为红外技术在黑夜中检测行人、动物、物体等的效率更高。

当在黑夜中驾驶时，夜视系统提供了一种新的视觉方式。在司机借助灯光系统看不清前方路况之前，热感成像相机在黑夜中可以探测到车辆前方的人、动物和一些物体。热感相机另一项功能是将发生的图像增加亮度，然后将增亮的图像传送到控制中心显示，显然人和动物等目标都会变得更清晰。

夜视系统需要的技术要求很高，快速的信号传输、转换以及图像处理，稳定的图像输出，还要求整个系统都要可靠，绝对不能出现时延、卡屏的现象。

4.6.4 汽车 LED 技术

车用 LED 有很多突出的性能优点，主要表现在：

（1）寿命长。LED 车灯的寿命理论上可达 50000 h，实际寿命也可达 20000 h，在车辆寿命期间一般无需更换，而比较好的车用白炽灯的寿命也就 3000~5000 h。

（2）节能。LED 车灯可直接把电能转化为光能，环保节能效果良好，而白炽灯只能把电能的 12%~18% 转化为光能。如一般应用白炽灯的尾灯功率为 21 W，而应用 LED 的尾灯功率仅为 3~5 W。

（3）无延迟。普通白炽灯的启动时间一般在 100~300 ms，而 LED 的启动时间仅为几十纳秒，启动时间大大缩短。同时 LED 车灯具有光色选择性大、耐振动和耐冲击、低热、环境适应性强等白炽灯不可比拟的优点。

全新宝马 6 系装备了几乎宝马所有的前卫技术。作为高端豪华敞篷轿跑，其更具有艺术气息且造型独特，同时实现了高度智能化。该车装备有各种驾驶者辅助系统，这些系统包括各种技术，例如车道偏离警告系统、带行人识别功能的宝马夜视系统、后视摄像头、全景摄像头和宝马驻车辅助系统。全新宝马 6 系敞篷轿跑还可选装全景泊车和自动泊车系统。

全景泊车的后视摄像头集成于 BMW 徽章下面的行李厢盖中。当启用后视摄像头时，BMW 徽章沿轴向上旋转，系统随即开始扫描后部区域。远近比例经过修正的彩色图像被传递至控制显示屏中。

全景摄像头将获得的数据信息传输至中央计算机并在那里生成车辆及其周围环境的全景俯视图，并将最终图像显示在控制显示屏上。借助该视图，驾驶者可以在有限的空间里获知汽车周围的动态，实现完美的泊车入位。

蓝牙媒体流系统可以与苹果等智能手机连接，获取信息和播放音乐更加轻松。

4.7 净 化 技 术

很多车装有净化装置，净化装置可以让雾霾远离。

（1）空气质量控制系统：沃尔沃 S60 具有空气滤芯与空气质量控制系统，沃尔沃汽车标配的空气滤芯可以有效阻止灰尘、花粉以及尾气颗粒物等来自车外的污染通过通风系统进入车厢。沃尔沃汽车在 1999 年率先推出的车内空气质量控制系统（IAQs）能够监测到周围空气中的有害物质，立即自动关闭进气口，并促使车厢内洁净的空气进行重复循环。

（2）臭氧负离子空气净化系统：雪佛兰车上配有臭氧负离子空气净化系统，在车内释放一定浓度的负氧离子，既可以达到杀菌的目的，同时也起到了净化车内空气的作用。吉利 icon 国产车型上也搭载了负离子发生器，吉利 icon 还配置了车载空气净化器。

（3）全自动正负离子空调：东风日产轩逸配备了全自动正负离子空调，具有空气过滤、净化功能，可自动进行废气感应内外循环，此外离子可与空气中的灰尘等过敏源结合而沉降到地面，净化空气。

（4）分区空调：北京现代朗动采用了分区自动空调的设计，并配备了等离子发生器，可有效改善车内空气环境质量。朗动搭载 Bluelink 车载信息系统。Bluelink 集成了汽车无线通信技术、卫星导航系统、网络通信技术和车载电脑等多项科技，使驾乘者通过 Bluelink 可获得行车、驾驶、生活等多项信息。

（5）等离子发生装置：为保障车内空气清新舒畅，一汽丰田 RAV4 配有带空气过滤模式的左右独立式自动空调，可在调节温度的同时净化车内空气；并配备等离子发生装置，可清新车内空气。

（6）AQS 空气质量系统：东风雪铁龙 C4L 带有 AQS 空气质量系统和等离子发生器，当传感器感知到车外空气质量低于标准时，便会自动把空调切换到内循环模式，从而避免污浊空气进入车内。

（7）车载排放指示系统：车载排放指示系统是仪表盘里很多司机都不曾留心的一个标志，希望广大司机都能注意到这个故障指示灯（OBD 指示灯），其具有检控发动机及排放控制系统工作状况的功能。如图 4-29 所示为 OBD 指示灯，灯亮说明尾气排放超标。在 2006 年 12 月之后购买的车都配置有这个系统，如果打火后 OBD 指示灯亮着，就是尾气排放超标了，请司机一定尽快把车辆送去修理，使车辆达标行驶。

图 4-29　OBD 指示灯

思 考 题

4-1 电动汽车与传统汽车有哪些方面的不同？

4-2 在汽车新技术应用方面，哪些技术可以改进？

4-3 传动系统的新技术应用在哪些方面？

5 概念车与未来概念交通工具

5.1 概 念 车

人类为了提高生产率、减轻体力劳动强度，创造了车，后又对车不断进行开发、创新。

概念车是最新汽车科技成果，代表着未来汽车的发展方向，它的作用和意义很大，能够给人以启发并促进相互借鉴学习。因为概念车有超前的构思，体现了独特的创意，并应用了最新科技成果，所以它的价值极高。

世界各大汽车公司都花费巨资研制概念车，并在国际汽车展上亮相，一方面是为了收集消费者对概念车的看法和建议，从而继续改进；另一方面也是为了向公众显示公司的技术进步，从而提高自身形象。

概念车是汽车中内容最丰富、最深刻、最前卫、最能代表世界汽车科技发展和设计水平的。概念车是世界各大汽车公司借以展示其科技实力和设计观念的最重要的方式。概念车也是艺术性最强、最具吸引力的汽车。

5.1.1 概念车的定义

概念车（conception car）是一种设计理念，设计者利用概念车向人们展示新颖、独特、超前的构思，反映着人类对先进汽车的梦想与追求，是人类精神生活追求的艺术享受，代表了人类科技的发展趋向，同时也代表了未来汽车的发展方向。

5.1.2 概念车的特点

与大批量生产的商品车不同，每一辆概念车都可以摆脱生产制造工艺的束缚，尽情地甚至夸张地展示自己独特的设计魅力，概念车是一种艺术设计产品。它可以接近现实，也可以脱离现实。

5.1.3 概念车的种类

概念车一般分为两类：实用化概念车和虚拟设计概念车。

（1）实用化概念车是一种在不久的将来，将逐步走向实用化的概念汽车。

（2）虚拟设计概念车是一种艺术展示，是汽车概念设计模型，是未来世界交通工具的雏形，有可能需要几百年、几千年才能实现。

第一类概念车设计中使用的先进技术已经成熟，可以步入试验阶段，并在10年左右成为汽车厂家投产的新产品。

第二类概念车是一种更为超前的设计思维，因环境、科研水平、成本、工艺等原因，短期内无法落实到现实研制、试验、生产阶段，也有可能永远无法投产。但这种概念车是设计者对未来工具发展的大胆研究设想，是设计的灵感发散，也许可以成为未来人类或者外星球生命的交通工具。

5.1.4 概念车的设计目的

概念车的设计超越时代条件的限制，不仅代表着最新汽车科技成果及未来汽车的科技发展方向，而且概念车具有超前的独特构思和创意，令人耳目一新，体现了设计师的个性和能力。

概念车的发展主要受市场竞争、先进的制造技术、先进的设计手段、个性化发展需求的影响，也受设计师的创意灵感、时代条件、国家的支持等因素制约。

随着时代的进步，概念车的设计已经从高科技、强动力方面走向低能耗、绿色环保等方面。

综合各方面的因素，概念车的设计目的从以下几个方面考虑：

（1）提高企业和产品的声誉。

（2）增加产品的竞争力。

（3）开拓型、创新型车型。

（4）以经济为基础的大众化普通车型。

（5）独特的经济实用个性化车型。

（6）豪华车型。

（7）生活娱乐车型。

（8）竞技型赛车。

（9）节能车型。

（10）环保车型。

5.1.5 概念车的设计原则

概念车的发展推进了高科技在生活和生产中的应用，促进了各学科的协作和技术的革新。但无论从哪个目的出发设计概念车，都应该遵循"保护环境，节约能源，符合生命可延续生存"的原则。概念车设计时必须考虑促进节能环保和综合利用。

全球汽车产品战略的四大核心元素为：

（1）卓越的设计。

（2）智能技术。

（3）领先的燃油经济性。

（4）保护环境，节约能源，符合生命可延续生存的原则。

未来概念车的设计将会集中在这四大方面。

5.2　实用化概念车发展

国际知名的五大车展，即德国法兰克福车展、法国巴黎车展、瑞士日内瓦车展、北美车展、日本东京车展，是世界汽车发展史的剪影，车展可以让人更清晰地了解汽车。真正在车展上大放异彩的不是各个品牌即将推出的量产新车，而是概念车。概念车为人们的生活带来了无限乐趣。

概念设计这种提法源于工业设计。在大工业时代激烈的市场竞争中，一个企业或集团要在竞争中处于不败之地，就要不断地对产品进行创新，以满足人们的需求，概念设计最初是通过产品创新的形式体现出来的。

5.2.1　美国别克 YJob 概念车

5.2.1.1　诞生

别克 YJob 如图 5-1 所示，是汽车工业界公认的世界第一辆概念车，1938 年，由美国通用汽车艺术和色彩部首任主任、美国汽车造型之父——哈利·厄尔（Harley Earl）发明。

图 5-1　别克 YJob

在 20 世纪 30 年代，这是一部梦想之作，而非现实之作。

技术特点：连续的弯曲表面和突出车身水平特性的平行合金饰带创造了一种狭长的流线型车身，引入了嵌入式头灯、电控折叠活动顶篷和车窗、水平水箱护罩、与车身齐平的门把。它也是第一款去掉了脚踏板的汽车。

现在看来这些装配与设计是平常而普遍的，但在当时却是难以实现的先进科技元素，令人耳目一新。别克 Yjob 的设计中充分体现了先进性。

别克 YJob 将概念车的理念带入汽车社会，这款车向世人展示了汽车工艺和造型方面的最新发展趋势。长而低的流线型轮廓设计对后来的汽车设计产生了深远影响。这是世界上第一款不以商业生产为目的，而注重向公众展示新技术和新造型而设计开发的概念车，汽车业也从此以概念车的形式畅想未来。

5.2.1.2　发展

20 世纪 50—60 年代，概念车只是木制框架上的纤维玻璃车体，为了展出而制作，无动力装置，着眼于外形设计。随后，概念车的设计中融合了飞机、航空领域的科技元素。

美国的三大公司——通用、福特和克莱斯勒是梦幻汽车的"三大巨人"，昂首在前，推出了通用的 Firebird Ⅱ、克莱斯勒的 Norseman 以及福特的 Mexico 等代表性车型，为公众们献上了一场又一场梦幻般的展览。

一些概念车的速度不超过 30 km/h，有一些得以投入生产。

21 世纪的概念车，配置了如火箭或者宇宙飞船那样的外壳，以及原子能、太阳能之类强大与便利的动力，但技术实施的步伐比起设计者们的想象要缓慢得多。概念车代表了技术进步的一个方向。

5.2.2　中国第一辆概念车"麒麟"

1999 年，上海国际车展上，以吉祥动物麒麟为名的中国第一款概念车吸引了世人的目光，这是第一辆由中国人设计、开发的概念车。以麒麟命名，象征祥瑞、独特、稀有。概念车"麒麟"如图 5-2 所示。

图 5-2　概念车"麒麟"

技术特点：1999 年，由上海泛亚汽车技术中心 160 名工程师研究设计，其中应用了 CAD（计算机辅助设计）、CAE（计算机辅助工程）、CAS（计算机辅助造型）等技术手段，通过详细的图纸设计、计算机辅助设计、制作黏土模型，最终完成了这一概念车型。

该车特点：1624 mm 的车高及两厢式造型，能提供厢式车才拥有的乘员、行李空间；后座前折能提供 2 辆自行车的存放空间；165 mm 的离地间隙能够适合复杂的路面行驶条件。装有 4 缸 16 气门发动机，前轮驱动，车厢内放置 5 个座位，前排座位的腿部空间达 1 m 以上，肩部空间超过 1.3 m，行李空间可以装下 1.36 m³ 的货物。

五门两厢式的概念车"麒麟"车身框架非常坚固，外形简朴，是具有宽敞内部空间的紧凑型轿车，内饰简洁而具有现代感，"麒麟"为用户提供了选装的空间，可以选装 ABS 气囊，减轻用户经济负担，以其独特的车身构造和外板制作工艺显示出无穷魅力，是后来在中国制造并面向中国市场的经济型汽车。

2001 年泛亚又造燃料电池车"凤凰"，大大地缩小了国内、国外在国际先进动力最前沿技术方面的差距；2003 年的"鲲鹏"如图 5-3 所示，是对所在微型车细分领域的全新探索，挑战了当时设计的极限。

图 5-3　鲲鹏

5.2.3　沃尔沃富豪 YCC 概念车

沃尔沃原为瑞典著名汽车品牌，又译为富豪，该品牌汽车安全性能很高。沃尔沃汽车公司原是北欧最大的汽车企业，也曾经是瑞典最大的工业企业集团，其中沃尔沃轿车于 2010 年 3 月被中国吉利集团正式收购，现属于中国浙江吉利控股集团有限公司，也是世界二十大汽车公司之一。

富豪 YCC 于 2004 年 3 月 2 日在日内瓦车展上初次亮相，该设计小组成员全部为女士。如图 5-4 所示为 2005 富豪 YCC 概念车，图 5-5 为该车翼展较短的鸥翼形车门。

5.2.3.1　设计理念

YCC 概念车的桥形通道线条刚毅而典雅。外形设计师安娜·罗森认为："很重要的一点，是将优美而流畅的线条同阳刚气质融合成一体。前端线条的力度体

图 5-4　2005 富豪 YCC 概念车

图 5-5　鸥翼形车门

现出速度感，这些线条流畅地越过前车轮后，就朝后端下沉。"

设计宗旨是在这两类反差鲜明的特征之间求得平衡。

5.2.3.2　外观特点

车的外观兼容了运动感和厚重感。底部的滑动保护板则突出了这辆车的功能性。该车的外观有着以下几个特点：

（1）前端位置低，后窗加长，总体形象赏心悦目，操控舒适且视野极佳。

（2）保险杠和车身下半部分线条粗犷，采用耐久性材料涂覆，同车身上半部分典雅的设计形成鲜明对比。

（3）肩部突出阳刚气质。

（4）鸥翼形车门。

（5）头灯显示出优雅的特质。

（6）无论在行驶或泊车过程中都可调节车身离地高度。

（7）车身优美流畅。

5.2.3.3　技术特点

（1）动力自动发动机：5 汽缸的发动机，最大输出功率为 215 马力（1 米制马力 = 735.49875 W）。采用发动机或整合式启动器与发电机一体设计，避免了不必要的怠速，例如当车子停在交通灯前等候时，可自动熄火停止发动机，只要司机重新踩踏油门，发动机便会立刻启动。传动系统为六速自排，司机也可选择通过驾驶盘上的操控杆来变挡。

（2）自动调整技术：坐到司机座上及插上车匙后，座椅、驾驶盘、脚下踏板、椅背头枕和安全带将自动适应司机的体型，调整到司机最舒适的坐姿。司机可预先设定个人化的坐姿，如果所调校的坐姿不理想，还会有警告信号提醒司机将坐姿调到正确的位置。

（3）保养人性化技术：无需打开发动机罩便可添加清洗液和添油，使司机更加方便。此外，所用车漆是一种容易洗抹的漆料。座垫不但可以轻松更换，也很容易清洗。轮胎在泄气后亦可让司机继续驾驶至最近的维修中心。

（4）车灯及车门方便利落：YCC 的前灯和尾灯是体现它的设计风格的重要因素。

前灯透镜采用透明的热敏塑料制造，光线来自一排从车外看不到的灯泡，尾灯用来加强车的外观美。红色部分与黄色部分的衔接看不到接缝痕迹。

高置式刹车灯位于后窗的顶端。司机在用力刹车时红色区域会扩大。在刹车用力过猛时，刹车灯光就会闪耀。鸥翼形车门的翼展较短而十分醒目，关闭车门后，只延伸至上过油漆的车身齐腰部分，这意味着在打开车门时只向外伸出 60 cm，这比许多普通车门完全打开后伸出的空间要少。

车门是往上打开式，开启时，下方的门槛部分同时朝外和朝下打开。这样做的优点是上下车厢时无需越过高门槛，除了更加方便利落，也使门槛表面始终保持洁净。另一个优点是 B 柱可往后移动，从而进一步改善司机的可见度。

5.2.4　雷诺新概念车 Wind Roadster Gordini

概念车 Wind Roadster Gordini 如图 5-6 所示。维系"Touch Design"设计理念，强调了人类工程学简洁的特点，这是一台风之子敞篷跑车，涂上了经典的 Gordini 颜色。

图 5-6　概念车 Wind Roadster Gordini

5.2.4.1 外形特点

其外形特点如下：

（1）经典的 Malta 蓝色车身。

（2）标配的 17 in（1 in＝2.54 cm）合金轮毂。

（3）夸张的双排气筒。

（4）白色的车外后视镜。

（5）格栅装饰与后风翼。

（6）抛光的黑色车顶。

（7）车内所有按钮都电镀铝修饰。

（8）车内采用了黑色与蓝色相间的皮革装饰，蓝色与白色的车门条纹，蓝色的皮革包裹方向盘且盘心位置有象征特别版本的白色条纹。

（9）车内行李舱空间大。

5.2.4.2 技术特点

采用独特的涡轮增压的 4 汽缸发动机，排量仅为 1.2 L，最大输出功率达到 100 马力（1 米制马力＝735.49875 W），这使得该车能够在 11 s 之内从静止加速到 100 km/h。车身长度 3810 mm，并且实现了电动顶棚 12 s 的快速开合速度。

5.2.5 标致概念车

5.2.5.1 STLA 自动驾驶 Inception 概念车

Inception 概念车如图 5-7（a）所示，基于 STLA 大型平台，采用 800 V 技术的全电动动力总成。每个车轴上都有一个电动机，这有助于该车型产生近 500 kW 的功率，并在 3 s 内从 0 加速到 100 km/h。这种能量来自车辆地板上的 100 kW·h 电池，最大续驶里程 800 km，通过感应充电系统在 5 min 内充电 150 km。Inception 概念车展示了标致的下一代 i-Cockpit 以及通过 STLA 自动驾驶实现 4 级自动驾驶的技术。当此模式被激活时，驾驶舱将完全消失，将内部转变为一个以舒适为导向的休息室。

标致 Inception 概念车还带来了新的 Hypersquare 控制系统，这套结合线控科技的转向系统取代了传统机械式转向连接技术，驾驶者只需移动拇指并将手放在方向盘上即可进行查询气候和收音机音量等系统功能的调控。第一批车型将于 2025 年上市。

5.2.5.2 复古兼前卫标致 4002 概念车

标致 4002 概念车赋予"复古兼前卫"的理念，最重要的设计元素莫过于那让人过目难忘的从前部开始沿车顶贯穿至车尾的铬合金散热格栅；包含了标致 402 车型中经典的双头灯，车灯呈向上的走向，与轮胎搭配巧妙，更加突出了整车独特的外形曲线，如图 5-7（b）所示。

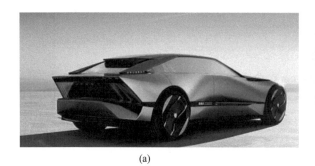

(a)　　　　　　　　　　　　　　　　(b)

图 5-7　标致概念车
(a) 标致 Inception；(b) 标致 4002

5.2.6　福特 Evos 跑车概念车

福特 Evos 跑车概念车如图 5-8 所示，由才华横溢的全球设计团队通力协作开发。

图 5-8　福特 Evos 跑车概念车

5.2.6.1　设计理念

努力实现 4 个关键的顾客利益，即个性化、驾驶体验的无缝升级、驾驶者健康关注和实现智能电气化动力总成优化理念。

5.2.6.2　外形特点

该款概念车身长 4.5 m(177 in)、宽 1.97 m(77 in)、高 1.36 m(53 in)、轴距为 2.74 m(108 in)，该车颜色采用大胆的红色。

比例独特的斜背式跑车设计，拥有令人耳目一新的创新车身比例，前后车门均采用向上开启的鸥翼式设计，宽敞的 4 门 4 座车厢，C 级车的长度和 CD 级车的宽度，让福特 Evos 概念车拥有强劲有力、动感十足的身姿。前置的汽车整流罩、圆形的前挡风玻璃及后移的 A 柱设计，这款车再现了经典的 GT 车型的风范，但同时散发出强烈的现代感。

5.2.6.3 技术特点

（1）丰富的个性化技术。以设计为主导的尝试，实现内外饰有一系列性能集合的改变，通过个性化的设计、适应性调整，将车辆与外界实现个性化和安全化连接。通过微处理器、传感器和软件实现车载多媒体通信娱乐系统。

（2）云系统交互技术。采用云系统信息技术，实现家、办公室和汽车的无缝连接，实现与家中或办公室相同的交互式生活体验方式。车辆了解驾驶者，并能够自动调节操控转向和控制发动机来提供格外具有动感的驾驶体验。

（3）驾驶安全体验技术。根据信息技术调校汽车底盘设置，根据前方路况和驾车者的具体情况来预判、操控并调校车辆的性能。根据从云系统中得来的地图和气象数据，来调整动力总成、转向、悬挂和制动系统，以提升驾驶者的享受度、舒适度和安全性。

（4）驾驶健康技术。研发出关注驾驶者健康的技术，比如能够监测驾驶者心率的座椅和经过认证的防过敏内饰。概念车通过与云技术的实时信息交互来监测驾驶者的身体状态和工作量，并根据情况调节驾驶体验，缓解驾驶者压力。概念车还装载了先进的空气质量传感器和过滤系统来帮助有过敏困扰的人。云系统可以根据已知的地点获取该地的空气质量数据，并主动建议一条空气质量更好的行车路线。

（5）"云优化"混合动力总成。具有先进的锂电池插电式混合动力总成系统和燃油经济性。福特的"动力分配"混合动力架构允许电动机和汽油发动机同时或分别独立工作来达到效率的最大化。具有节能环保理念。通常情况下，先进的动力总成在转换到混合动力模式之前是以全电动模式来运行的，以实现持续优化的燃油效率。

（6）线切割技术。通过高精度的线切割技术，实现具有科技感的图形元素，给人一种"视觉高贵感"。

5.2.7 Jeep Hurricane 概念车

Jeep Hurricane 概念车如图 5-9 所示，号称男人帮，也称强悍兽。该车由克莱斯勒公司推出。

5.2.7.1 外形特点

一体成型的车身用碳纤维打造，底盘也连在一起。悬吊和动力系统是直接装配在车架上的。车底的铝合金骨架一方面连接整个底盘，提供更好的刚性；另一方面有防护车辆底盘的功能。

5.2.7.2 技术特点

（1）Jeep Hurricane 在前后各装备了 5.7 L 的 HEMI 发动机，具有强大的输出

图 5-9　Jeep Hurricane 概念车

能力。两台发动机都可以释放出 335 马力（1 米制马力 = 735.49875 W）以及 370 磅的扭力（磅力 lbf，1 lbf = 4.44822 N），二者相加，便是 670 马力（1 米制马力 = 735.49875 W）以及 102 千克的扭力（千克力 kgf，1 kgf = 9.8 N）输出。表现了克莱斯勒集团的创新以及技术能力。

（2）克莱斯勒集团的多排量系统（MDS），依据驾驶者需求不同，Hurricane 可以随时选装 4 缸、8 缸、12 缸或 16 缸其中之一。它拥有两个模式的 4 轮转向功能。第一个模式的后胎与前胎保持相反的方向以减少转弯半径，第二个模式则是给那些超级越野爱好者的大胆创新：车子的 4 个轮胎可以朝同一个方向转动，如同螃蟹一样。这意味着该车要侧进或侧出根本不需要改变车头原本的方向。

（3）这款车可以 360° 原地回转，回转半径是零，它的前后轮都可以同时向内转向。

5.2.8　丰田节能型概念车

5.2.8.1　丰田 FCV-R 概念车

丰田 FCV-R 概念车如图 5-10 所示。丰田 FCV-R 概念车是一辆采用氢燃料电池驱动的四座轿车，续驶里程可达 692 km。尺寸方面，此款车型长 4745 mm、宽 1790 mm、高 1510 mm，轴距为 2700 mm，额定人数为 4 人。燃料电池组被安装在车身下方，通过这种巧妙的安排，此款车型为乘车人提供了不错的内部空间和行李空间。

5.2.8.2　丰田 Fun-Vii 概念车

如图 5-11 所示为丰田 Fun-Vii 概念车，其打出了"not-too-distant future"的口号，这部为"近未来"所设计的概念车秉承了丰田"移动改变世界"的理念，为世人展示了在不远的将来，人、车与环境互相交联的未来信息社会图景。

图 5-10   丰田 FCV-R 概念车

图 5-11   丰田 Fun-Vii 概念车

5.2.8.3   丰田 MX221 自动驾驶概念车

概念车 MX221（见图 5-12）是具有 4 级自动驾驶系统的乘车车辆。该概念车包含多样性的理念，并具有可重新配置的内饰。该概念车还拥有 UV-C 消毒剂、舱内监控系统和折叠式娱乐系统。其他亮点包括带照明的门板及显示车辆和乘客信息的小型信息娱乐系统。

图 5-12   MX221 自动驾驶概念车

5.2.8.4   Moox 概念车

Moox 概念车（见图 5-13）被设想为完全自动驾驶的 5 级车辆，展示了 Moox

设想中的一切场景，从移动商店到移动办公室，甚至是医生办公室。

图 5-13　Moox 概念车

5.2.9　奥迪 Q7 混合动力概念车

全球越野车迷期待已久的奥迪家族第一款顶级 SUV（运动型多功能车）Q7 如图 5-14 所示。

图 5-14　奥迪 Q7 概念车

奥迪 Q7 定位于最高级别的高档 SUV，旨在满足少数 SUV 顶端用户最挑剔的需求。在这个级别的市场上，Q7 当之无愧成为一款全面超越对手的超级 SUV。

奥迪 Q7 的外形设计花了 3 年时间。Q7 是越野车（SUV）市场的第三代，也是未来 SUV 市场的发展趋势。

5.2.10　奔驰概念车

5.2.10.1　梅赛德斯奔驰 Biome Concept 概念车

奔驰 Biome Concept 概念车是一台使用混合动力系统的超级跑车，如图 5-15（a）所示，该车型采用了非常独特的 121 的座椅布局，方向盘位于车身正中间，中间的两座位于驾驶员座椅稍微靠后的两侧，而在驾驶员后侧还提供了一个座椅，这样整个驾驶舱也就形成了非常独特的菱形座椅布局。

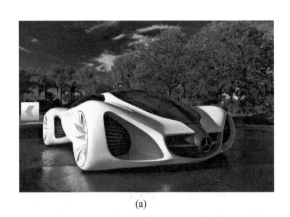 

(a) (b)

图 5-15 奔驰概念车

(a) 奔驰 Biome Concept 概念车；(b) 奔驰 EQT Marco Polo 1 概念车

5.2.10.2 奔驰 EQT Marco Polo 1 概念车

奔驰 EQT Marco Polo 1 概念车如图 5-15（b）所示，属于露营车概念与纯电动新车 EQT 相结合的产物。该车提供了可升降的车顶，满足空气动力学及造型方面的要求，又能让车内乘客实现完全直立的状态，同时后排在经过调整后，可以形成 2 m×1.15 m 的睡卧区，床垫厚度为 10 cm，在车辆尾部还有冰箱、炉灶、盥洗以及多个储物空间。搭载 90 kW、245 N·m 的电动机，电池容量为 45 kW·h，百公里电耗为 18.99 kW·h。

5.2.11 太阳能概念车

全太阳能动力汽车，以柔性、高效的薄膜太阳能电池组件为核心技术，在一定的光照条件下，通过光电转化及储能、智能控制和电力配送等精确控制系统，将太阳能转化为汽车驱动动力，是真正意义上的零污染的清洁能源汽车。太阳能发电在使用过程中无排放、无噪声。太阳能汽车的蓄电池通过光电转换器件将太阳能转变为电能对电池实行浮充。目前太阳能汽车最实用的装配方式是既配备了传统电动车电池组，又安装了太阳能电池板，能依靠太阳照射进行"补电"，这种太阳能汽车将是有可能在未来投入市场的一种交通工具。在阳光明媚的天气条件下，一般太阳能汽车的太阳能电池板每天可提供 70 km 的续驶里程。如图 5-16 所示为太阳能概念车。

奇瑞 GENE 是一款全新 SUV 概念车，采用对开门，具有电动+太阳能的组合动力。总车长 5 m、宽 2 m、高 1.75 m，尾舱为电动滑移，配备了两台无人机以及电动滑板。中控采用了曲面 27 寸环绕屏幕。

图 5-16　太阳能概念车

5.2.12　气动概念车

利用压缩空气作为动力推动汽车行驶，这一概念车如图 5-17 所示。中国山东人侯圣春研发的空气动力汽车目前速度能够达到 120 km/h。随着技术的不断完善，在不久的将来，空气动力汽车有望成为代替燃油汽车的交通工具。

图 5-17　气动概念车

5.2.13　风电概念车

德国于 2012 年启动了电动汽车国家创新计划，在《国家电动汽车平台计划第 3 次评估报告》中提出要进一步建立以用户为中心，以基础设施技术、动力系统技术、先进制造技术等关键技术为核心的研发体系，进一步开发风能等其他能源的利用。风电概念车如图 5-18 所示。

图 5-18　风电概念车

著名的美国特斯拉（Tesla）汽车公司有项专利，通过该套装置，可以把行驶中、迎面而来的风能转化成电能，然后"回充"进汽车储存起来。21 世纪以来，我国先后有多名学者申请关于汽车利用走行风发电的专利，风电合一电瓶轿车、风能汽车、油电混合动力汽车风力发电装置、汽车风力发电机、一种汽车发电技术等十几项不同的专利被国家知识产权局授权。如图 5-19 所示为丁国军发明的一种风电汽车专利（CN201120036886.7）。还有樊百林等发明的利用重力势能发电的机动车（CN204517568U），陈林、金松吉等发明的一种往复充电装置（CN218805256U）等。

可调活动挡板式进风口

图 5-19 一种风电汽车专利

Venturi 汽车公司设计了一款"自驱式"电动车——Venturi Electric。这是一辆利用太阳能和风能提供动力的电动车，里面装着一台小型的 16 kW、50 N·m 的电力发动机。在完全由 NiMH 镍氢电池提供动力的前提下，其行驶里程为 50 km 且时速能达到 50 km。风电混合汽车也有望在将来成为常用交通工具。

5.3 未来交通工具的发展构想

目前已经有了许多种交通工具，汽车、火车、飞机、地铁、轮船，甚至航空飞船。200 年前，人类可能根本无法想象现在的交通工具可以这么先进；同样，如今仍然无法实现的技术在未来都有可能实现。未来可能出现很多种现在没有的交通工具，有些现在人们有能力制造，只是部分技术未成熟；有些人们现有技术无法达成，但是有梦想就有可能，在不久的未来，或许有望实现。下面是科学家们构想的未来可能的交通工具。

5.3.1 未来天空的交通工具

5.3.1.1 未来商业飞机

如图 5-20 所示为一款未来商业飞机，该飞机被设计成了 B-2 隐形轰炸机的样式。设计特点：首先，三角形混合机翼能减少 20% 的表面积，减小了阻力，相应地提高了燃油效率；其次，新型发动机上置可以提高燃油效率而且可以减少噪声，符合未来节能的需要。

5.3.1.2 未来私人飞机

未来私人飞机应具有两个条件：一是经济方面，能够使每个人都有能力购买；二是安全方面，安全可靠性应可媲美现代自行车。结合以上两个条件，未来

图 5-20　未来商业飞机

私人飞机应有以下几个特点：第一是轻，轻质带来的最直接好处就是节能；第二是小，这种飞机用于人们日常需要，所以不应太大，每个家庭都能停放而且有足够位置启动，方便为主；第三是以氢为能源，这符合环保的要求；第四是速度不应太快，出于安全的考虑，每个私人飞机的速度都应有要求，而且会受相应的交通法规限制。

其实这种飞机就像是一个空中的小型汽车，它能在空中飞行，能垂直起降，虽然短时间内不会出现，但是长远来看这种飞机的产生是有可能的。

5.3.1.3　飞行汽车

2009 年吉利宣布收购美国最大的飞行汽车公司，这意味着中国将成为全球首个拥有飞行汽车的国家。2009 年发布了第一款飞行汽车，取名为 Transition，如图 5-21 所示，Transition 当时还只是停留在试飞阶段。2012 年后，太力正式发布第二代 Transition，第二代比第一代更完善，实现了直接上路，而且还被美国航空部门允许投入商业性生产。第二代 Transition 有两个座位，在天上开起来和传统运动飞机差不多，空中续驶里程为 640 km，最高时速为 160 km。它长 6 m，拥有一个可折叠机翼，打开时宽 5.6 m，收起来仅 2 m，尽可能地减少了在陆地上的占地面积。它还配备了一系列汽车的安全配置，比如气囊、预紧式安全带、碰撞溃缩区等。如果在空中发生意外，它还有最后一道防线降落伞，在紧急时刻能够使人和车安全着陆。

图 5-21　第一代飞行
汽车 Transition

第三代飞行汽车 TF-X 如图 5-22 所示，由两座升级为四座设计，非常适合家庭使用，它同样有一个折叠机翼。它还有一个突破性功能：垂直起降的能力。起飞阶段，它依靠两个螺旋桨来提供升力和部分前进的动力。当高度足够时，这两个螺旋桨会收起来，只依靠车尾的涵道风扇推进。TF-X 是一款混合动力飞行汽车，它的两个螺旋桨依靠电机驱动。这两个电机输出功率可达 1 MW。车上配有一台 300 马力（1 米制马力 = 735.49875 W）的汽油机用来给电池充电，同时驱动涵道风扇转动。与之前的 Transition 相比，TF-X 的其他性能也更加强大。TF-X 在空中的续驶里程达到了 800 km，空中时速为 320 km，降落的时候只需要一个 30 m²

的场地即可。同时，它还配备了一系列智能系统，上车后只需告诉汽车目的地，它就能把人送达，最大程度地降低了使用门槛。其最终的量产时间预计在 2025 年。

图 5-22 第三代飞行汽车 TF-X

在未来，有可能出现水陆两用飞行汽车，已有专家设计出概念车，如图 5-23 所示。空陆两用飞行汽车如图 5-24 所示。

图 5-23 水陆两用飞行汽车　　　　图 5-24 空陆两用飞行汽车

5.3.2 未来陆地的交通工具

智能智慧自动汽车系统：以智能网联为依托，融入大数据、移动互联、AI 等高新技术为基础的无人驾驶智能汽车系统，如图 5-25 所示。

超级公交车计划：超级公交车是一种奢华的公共交通工具，上面有 23 个独立的内部车厢和座位。超级公交车中途不停靠任何站点，直接将人送到目的地。这种交通工具由可充电电池组提供动力，可以适应现有的公路系统，如图 5-26 所示。

立体快速巴士：立体快速巴士设计运行于公路上方的两条专用轨道之上。这种双轨交通工具在道路上方行驶，为其他汽车留下了大量的路面空间，而且轨道系统还通过天空提供透明、开放的内部空间。每辆立体快速巴士可以载 1400 名乘客，由电力提供动力，如图 5-27 所示。

高速交通系统：电动汽车是否能够及时从公路系统获取能量，并且不需要插头，这种想法将彻底解除人们对电动交通工具行驶里程的担忧，让它们可以大范

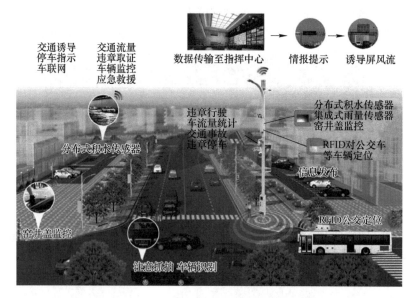

图 5-25 智能智慧自动汽车系统

图 5-26 超级公交车

图 5-27 立体快速巴士

围替代燃油汽车。德国设计师克里斯蒂安·福格设想了一种高速交通系统，该系统采用一种线性电动机网络沿着高速公路驱动电动汽车，如图 5-28 所示。

图 5-28　高速交通系统

伸缩杆汽车：这种汽车由太阳能电池板提供动力。白天它们会沿着街道行进或垂直上升。晚上它们可以停泊于伸缩杆顶部，从而节省大片的地面空间，为其他车辆提供泊车场所。这种汽车可以载 4 名乘客以及他们的手提包和行李。在繁忙的商业街上，这可以称得上是一种理想的交通工具，如图 5-29 所示。

图 5-29　伸缩杆汽车

变形汽车：拥有一辆变形汽车，人们可以在自己的公寓门口上车，上货卸货也都非常容易。这种极富未来主义概念的汽车还可以停泊于公寓的特别入口处，还能够起到电梯或阳台的作用，如图 5-30 所示。

城市迷你电动汽车：这种零排放的电动汽车是一种专门为城市设计的两座交通工具，外形如图 5-31 所示，具有小巧灵活、机动节能的特点，而且可以全部由可回收或可重新利用的材料制造。

光合作用汽车：植物在光合作用过程中产生的能量是否可以用来为汽车提供动力呢？这一想法为未来汽车的设计提供了灵感。由该想法设计的光合作用汽车如图 5-32 所示。

图 5-30　变形汽车

图 5-31　迷你电动汽车

图 5-32　光合作用汽车

　　高空缆索自行车交通系统：这是保加利亚建筑师马丁·安格洛夫提出的第二种设计概念，用于帮助骑自行车的人远离拥挤的街道，在空中骑行。在城市街道上方大约 4 m 高的空中建设自行车索道。自行车车胎必须锚定于两条平行的钢索上，保证骑自行车的人不至于失去平衡而跌落下来，如图 5-33 所示。

图 5-33　高空缆索自行车交通系统

　　单轨自行车系统：由谷歌支持的 Shweeb 设计方案结合了卧式自行车和单轨自行车的特点，旨在打造一种小型的人力单人交通舱。这种设计概念的原型系统已建造于新西兰 Agroventures 公园中，如图 5-34 所示。该公司声称将建造首个面向公众使用的 Shweeb 单轨自行车系统。

图 5-34 单轨自行车系统

飞翔列车：在不久的将来，第四代"飞翔"列车即将诞生。这种列车外形酷似飞机，它利用"地面翼效应"的工作原理使列车腾空做贴近地面的超速飞行，飞行速度要快于磁悬浮列车。它不仅可以加快速度，让人感受到飞一般的感觉，而且还有减少环境污染和降低噪声的好处。

地下飞机：日本政府提出利用地下隧道，实现地下高速飞机的设想。根据设想，地下飞机高 4 m、长 50 m、宽 2.4 m，有机翼，和普通的飞机没有很大的造型上的不同，但是这种飞机不仅能保持像飞机一样的高速，还能解决不少飞机的问题，如噪声。这种地下飞机类似于我国现在的地铁，但是其设想的行进速度不仅远快于地铁，而且驱动装置预设为喷射引擎，属于低空飞行。

5.3.3 未来海上的交通工具

"海上城市"：这种交通工具是一种轮船，但却又不同于普通的船，它是一个"在海上移动的城市"。整个船长约 1 km、宽 200 m，在船上不仅有酒店、图书馆、医院、学校、公园，还有各种娱乐设施和贸易中心。这么大的交通工具移动是主要的问题，但是在未来人们掌握了核动力后，这也不是无法成真。

海底隧道列车：这种列车主要还是作为观光和科研使用，在深海中建设隧道，隧道中有观光车，在隧道里可以看到外边，可以欣赏海洋深处的美景。

海上磁悬浮列车：这是另一种在两个高空固定地点之间迅速运送行人的交通系统，不过它的速度要快得多。磁悬浮公共交通系统利用磁悬浮原理将车辆送往城市的各个站点，摩天大楼可以充当上下车站点。在每个车厢两侧像翅膀一样的附属物将它们悬挂于高空缆索上，车厢可以穿过狭窄的拐角，如图 5-35 所示。

图 5-35　海上磁悬浮列车

5.3.4　未来太空的交通工具

现在的太空中已经有各国的卫星和空间站，未来在太空中将有更多工具，人类会进一步地开发太空，在太空中建立基地，有望实现永久生活在太空中或者移民其他星球，因此太空中的交通工具太空汽车会出现。由于太空中没有空气阻力，能源能够被更好地利用，这种太空汽车可以在太空中通行，因此人类可以通过太空汽车来回于太空和地球甚至其他星球之间。

总之，未来的交通工具一定会是丰富多样的，现在没法做到的，未来能实现。

　思考题

5-1　谈谈你对未来汽车的发展有什么看法。

5-2　多功能架空汽车有什么优缺点？

5-3　谈谈如何更快地利用太阳能开发太阳能汽车。

参 考 文 献

［1］中共中央马克思恩格斯列宁斯大林著作编译局．马克思恩格斯选集：第四卷［M］．北京：人民出版社，1995．

［2］张爱民．汽车性能检测与测评［M］．北京：人民邮电出版社，2009．

［3］崔胜民．新能源汽车技术解析［M］．北京：化学工业出版社，2016．

［4］凌永成，李学飞．现代汽车与汽车文化［M］．北京：清华大学出版社，2010．

［5］樊百林．发动机原理与拆装实践教程［M］．北京：人民邮电出版社，2016．

［6］端佩尔．智能汽车［M］．北京：化学工业出版社，2021．

［7］张清元，相涛，韩光辉，等．车辆网技术与应用项目实践［M］．武汉：华中科技大学出版社，2020．

［8］杨燕玲，周海军．车联网技术与应用［M］．北京：北京邮电大学出版社，2019．

［9］于海东．电动汽车维修快速入门与提高［M］．北京：化学工业出版社，2019．

［10］陈新亚．汽车为什么会跑［M］．北京：机械工业出版社，2017．

［11］许兆棠，黄银娣．汽车构造［M］．北京：国防工业出版社，2016．